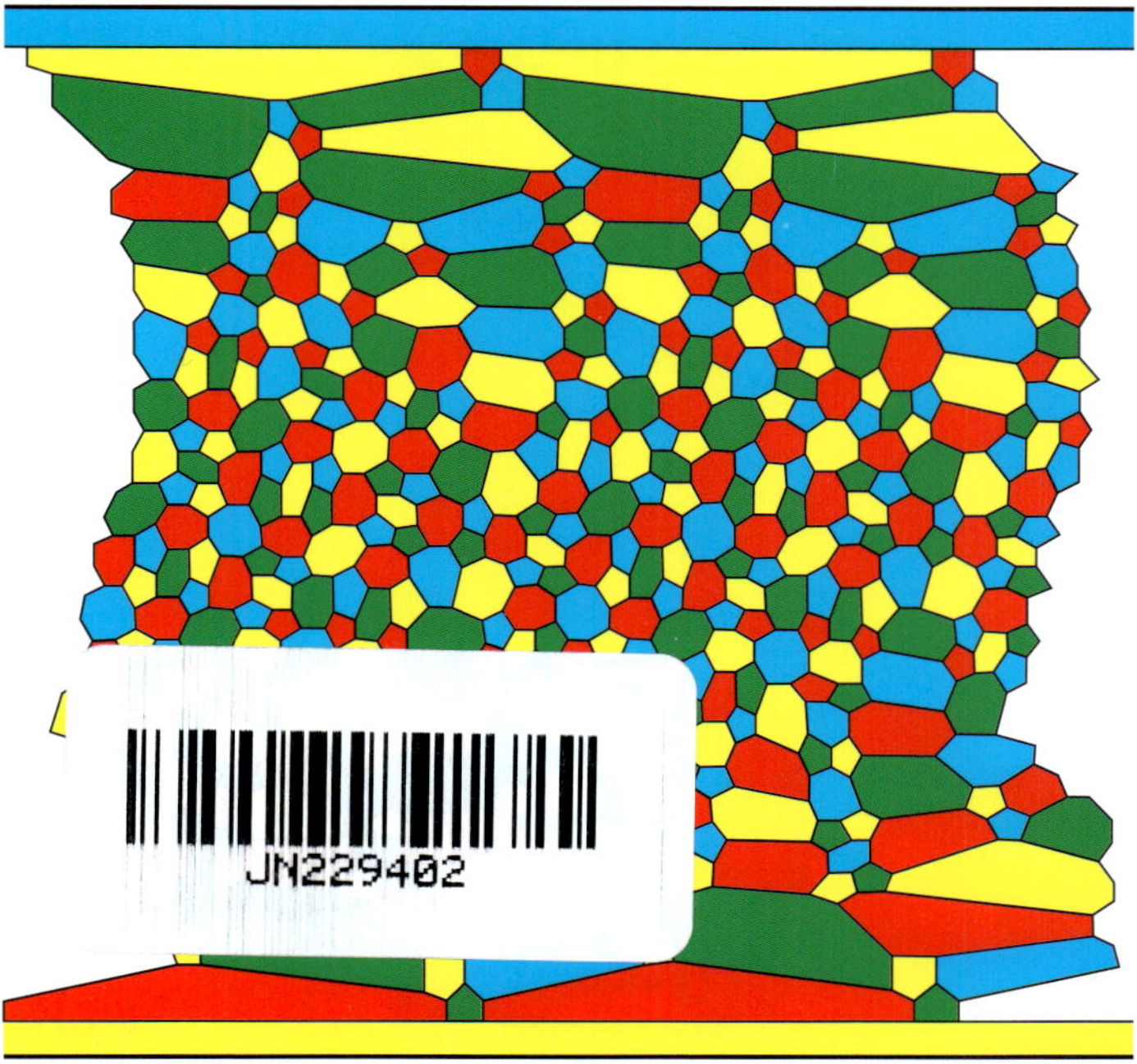

ムーアの地図　ウィスコンシン大学のムーア（E. F. Moore）が作った846ヵ国からなる地図の一部。これは四色問題の証明がきわめてむずかしいことを示す一例である。地図の塗り分けのむずかしさは，互いに国境を接している国々が地図の上でどうなっているかに関係している。ムーアの作った地図は，54個の八角形，288個の七角形，96個の六角形，408個の五角形より成り立っている。この地図は円柱面上に描かれたものを展開した形に表現されている。したがって，四色を使ってうまく塗り分けるには，図の右端と左端をつないで考えるとよい（第六章参照）。

――『(日経）サイエンス』1977年12月号による――

六色塗り分けの地図　メービウスの帯上の六色を要する地図（第四章参照）。

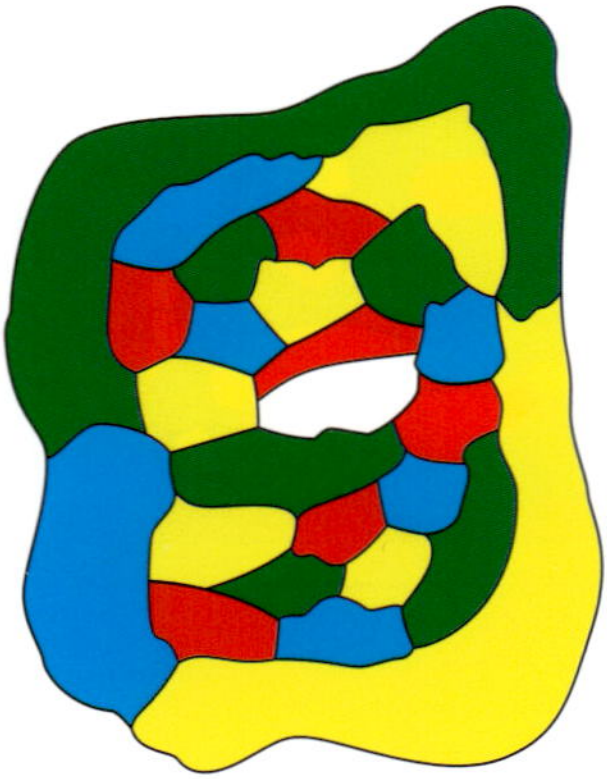

ヒーウッドの例　ケンペの証明が不完全だったことを示す例である。この塗り方では，中央の国には五番目の色がいる。ケンペの方法では，一色浮かせて四色ですませるように修正できない。ただし，この地図自体は，うまく塗り直せば四色で塗り分けができる（第二章参照）。

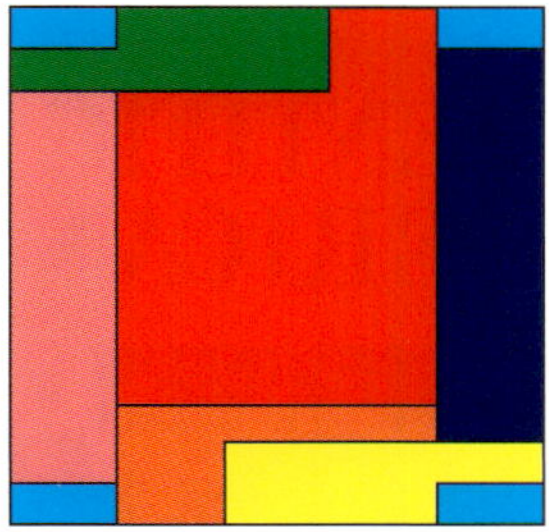

⑴　平面上の七色塗り分けの地図

⑵　平面を環状に巻く

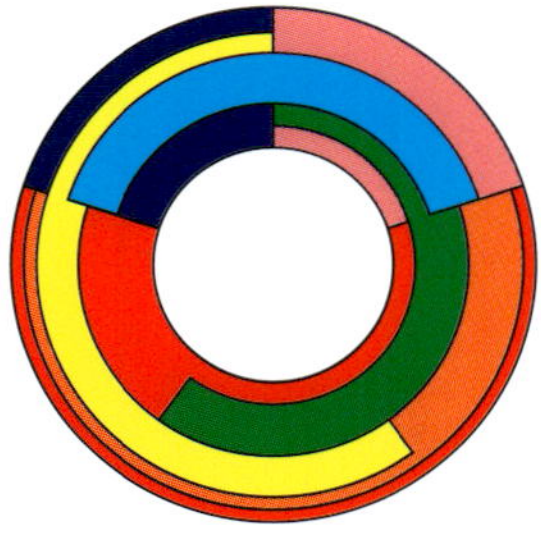

⑶　出来上がった管を円環になるように曲げる

七色塗り分けの地図　円環面上では七色を必要とする（第四章参照）。

10位のオイラー方陣の図　奇数の２倍位数のオイラー方陣は不可能だろうという「オイラーの予想」を覆し，２，６以外はつねに可能という結果が。図は『Scientific American』誌の表紙を飾った10位のオイラー方陣（第八章参照）。各正方形の周囲と中央の色（おのおの全十色）をそれぞれ０～９の数字に訳して，周囲と中央の色を表す数字をこの順に並べると，10位のオイラー方陣となる。

四色問題　どう解かれ何をもたらしたのか

一松　信　著

ブルーバックス

装幀／芦澤泰偉・児崎雅淑
カバーコラージュ／山本佳世
本文カット／永美ハルオ
章扉カット／近末義弘
本文図版／朝日メディアインターナショナル

はしがき

拙著『四色問題』の初版がブルーバックスで刊行されてから既に四〇年近くが経過し、同書も永らく絶版になっていた。今回新訂版刊行の話が寄せられた折に、まず気に掛かったのは次の点である。初版は、解決された問題に対して、多大の努力が払われたが結局最終解決に実らなかった試みの記述が多すぎた。

そこで、第五章までは若干の誤りを修正し、個人的な回想や偏見、研究者の逸話への深入りを削除したが、ほとんどもとの記述を残した。その理由はいくつかある。まずこの種の歴史的記述が現在の書物に意外と乏しいこと、次に比較的簡単に証明できる部分的な結果は、数学に興味を持つ者にとって有用性をもつと思ったことである。さらに歴史的な大難問の解決に払われた多大の努力を、最終的な成果だけから判定するのは一面的と考えたのも、もう一つの理由である。

さらに、四色問題が現代に投げかけた「数学的証明とは何なのか」という問題を問い直し、いまだ埋もれたままの数学の未解決問題は、もしかすると計算機に任せるしかないのか、見直してみたくなった。

現在の数学では、単に可能か否かだけでなく、可能でもその手間がどれだけかかるかという「計算量の観点」が重要視されている。平面地図の五色塗り分けは多項式量の手間でできる（P

問題）のに対して、四色塗り分けはNP問題ではるかに手間がかかる、といった計算量的な話題は無視できなくなってきた。

そのため第六章以後は初版の記述を活かしつつ、かなり大幅に書き換えをした。特に初版の第七章「乱れ飛ぶ誤報」には誤りも多かったので、縮小して第六章に合併した。

残りの二章では、アッペル＝ハーケンによる証明が本当に正しかったのかという点と、「計算機による数学の定理の証明」に関する意義に重点を置く記述にした。この時代の「捨て石」に終わった多くの小論文の追跡も一つの課題だが、それは今後の数学史研究にまちたい。

現在では既に証明されたのだから「四色定理」とよぶべきであろう。その研究も、計算機による「形式的証明」の重要な一例という形で続けられている。この方向の「計算機支援による数学研究」はそれ自身人工知能研究上の大問題であり、その一部の解説だけでも一巻の書物になり得る。今回の新訂版では、最後の第八章でその方面の話題に若干触れただけだが、多くの進展が着実に進められているとだけ述べておこう。

現在ではこの例のように大規模なコンピュータ活用による証明を忌避する数学者は、皆無ではないにせよ減少している。他にも球の最密充塡に関する「ケプラー予想」の解決など、そのような方法によらなければ証明できない課題がいくつもあることが、次第に広く認識されてきている。四色問題はむしろ、そういった「意識転換」のきっかけになった難問として、語りつぐのが正しい位置づけかもしれない。

本書の改訂に当たって、講談社ブルーバックス編集部長小澤久氏ほか編集部の方々に終始お世話になった。またいくつかの文献の閲覧の便宜をはかって下さった京都大学数理解析研究所図書室の方々に厚く御礼を申し上げたい。

平成二八年四月

一松　信

初版はしがき

永い間、数学の未解決の難問として有名であった四色問題が、一九七六年夏に、ついにイリノイ大学のアッペル、ハーケン両教授によって解決された。このニュースは、日本では同年八月三〇日の『朝日新聞』に載り、ついで九月一〇日発行の『数学セミナー』一〇月号に、「四色問題――ついに解決！」として報ぜられた。

ここで一騒ぎになったのは、その解決方法が、これまでの数学の常例とはまったく異なって、電子計算機による膨大な検査に依存している点である。その意味で、数学の証明の意味にまで反省が必要だといわれた。

四色問題は、これまでにも多くの数学の解説書中に述べられているが、その多くは前世紀末までの初等的な結果のみであり、今世紀に入ってからの多くの研究は、ごく断片的な成果が引用されているだけである。中学校の教科書にも、四色問題に言及しているものがあったが、今世紀に入ってからの、ゆっくりだが、着実な進展のあとをふりかえると、これはとうてい素人の思いつきで解決できるようななまやさしい問題ではなく、電子計算機による膨大な検証なしでは解決不可能な、とほうもない怪物だったという感が深い。また、いろいろ調べてみると、これまでの解説書に書かれている内容には、問題点が多いこともわかってきた。

私自身、四色問題の専門の研究者ではない。また、すでに解決者自身の論文も発表され、多くの解説記事もでているが、前記のような点を考慮して、この問題の誕生から解決までの歴史のあらすじを解説してみたいと思った。なによりも私自身、解決の発表当時カナダにいて、四色問題解決という、一生に一度か二度ともいうほどの大ニュースに、いち早く接することができる幸運に浴した。それを伝えたいためもあって、あえて筆をとった次第である。

いろいろと身辺の仕事が多く、執筆を講談社のブルーバックス編集部からおひきうけしてから予想外の時間を費やし、新鮮味が薄れた感は否定できない。しかし、歴史的な記述に触れ、歴史的にも有名ないくつかの地図を塗り分けの演習用にあげておいたので、パズルとして楽しんでいただくこともできるであろう。私自身の思い出も含めて、多少数学の裏話的な記事も交えたが、私自身の好みに偏したことをおそれる。

この本をまとめるにあたって、まず貴重な情報を提供して下さったイリノイ大学の竹内外史、レジャイナ大学の佐藤大八郎両教授とマーチン・ガードナー氏に深く感謝をささげる。編集部の小宮浩氏には終始お世話になった。また拙著のために、各章の扉のカットの漫画を画いて下さった義兄の近末義弘氏、および記事の引用をお許し下さった日本評論社（数学セミナー編集部）に感謝の詞をささげる。なお統一のため、本文中では一切の敬称を省略したことも、ここでまとめておわびをしておく。

最後に、手もとにない貴重な文献の閲覧、複写の便をはかって下さった京都大学人文科学研究所と広島大学、およびその手続きを進んでとりはからってくれた数理解析研究所図書室にもお礼のことばを申したい。

昭和五三年三月

一松　信

もくじ

第一章　四色問題の誕生

——怪物の誕生

こんにちは　赤ちゃん！

ド・モルガンの手紙

一八五二年一〇月二三日のこと、当時ロンドン大学教授であったド・モルガン（Augustus de Morgan; 1806〜1871）が、当時アイルランド・ダブリン王立協会の会長で、イギリス数学界の大御所的存在であったハミルトン（William Rowan Hamilton; 1805〜1865）にあてて、次のような手紙を書いた。

「きょう、私の学生が、次のような事実の証明を私に質問してきました。私は、それが正しいかどうか知らなかったし、いまでもわかりません。彼によると、平面図形をどのように分けても、その各部分を別々の色に塗り、共通の境界線をもつ部分を違う色にするためには四色が必要だが、それより多くはいらないというのです。質問は五色以上必要な地図がありえないかということです。……」

この手紙はまだ長く続くが、これに対してすでに知られていることかどうか、また先生の御意見はどうか、などを問い合わせている。今日、これがこの本の主題である四色問題を初めて記録に留めた文書とされている。

ド・モルガンは、その名からも察せられるとおり、フランス系である。彼は、数学史上にこのほかにも集合算のド・モルガンの公式などに名を留めている。さらにアイルランドの田舎の出身の独学の天才であったブール（George Boole; 1815〜1864）の論理代数（今日のブール代数）の重要性をいち早く見抜き、彼をはげましたことでも知られている。また、ド・モルガンの義父のフレンド（William Frend）が、負の数を拒否し続けたおそらく最後の代数学者であろうとか、ド・モルガンが『パラドックスの束』という、数学者の内幕話（？）を記した本を書いたことなども知られている。

さて、ド・モルガンの手紙を読んだハミルトンは、これに対して、一〇月二六日付で返事しているが、それはまことにそっけないものであった。ハミルトンいわく、「……私は、貴兄の『色の四元数』に、いますぐ手をつけるつもりはありません」

ハミルトンは、複素数を拡張した四元数を考え、まるで四元教の開祖のような存在であったから、この返事はいかにも彼らしい。しかし、この返事で、ド・モルガンががっかりしたことは、容易に想像される。

図1･1　ド・モルガン（1806〜1871）

図1・2　W. R. ハミルトン（1805〜1865）

ガスリーの回想

このときド・モルガンに質問した学生は、後年エジンバラ大学の物理学の教授になったフレデリック・ガスリー（Frederick Guthrie）であることがわかっている。彼は一八八〇年に次のような回想を発表している。

「三〇年程前、私がド・モルガン教授の講義に出席していたころ、いまはケープタウンの南アフリカ大学の数学教授をしている兄が私に、『線で接する国を違う色に塗るとき、必要な色の最大数は四である』という事実を示した。私は長い時間を費やしたが、それが正しいという証明ができなかった。……兄の許しを得て、私はド・モルガン教授に質問したところ、教授はたいそう喜んでくれ、それは新しい問題らしいと受け入れてくれた。……もしも、私の記憶が正しいならば、兄が示してくれた証明は、彼自身にも不満であったように思われる。しかし、私は兄がこの問題に興味をもったと証言する。……」

ガスリーの兄、すなわちフランシス・ガスリー（Francis Guthrie）は、数学の教授になったものの、現在、数学者としては無名に近い。いくつかの論文を発表しているが、四色問題自体の研究はまったくしていない。彼はイギリスの州別の地図を塗り分けているうちに、隣り合う州を異なる色で塗り分けるには四色で十分なことに気づき、それからいろいろの地図でためして、実験的に予測したらしい。

この程度のことしかしなかったにもかかわらず、四色問題を初めて数学の問題としてとりあげたのは、ガスリー兄弟の功績であり、これを「ガスリーの問題」とよぶべきであると主張する人もある。現にそうよんでいる例も少なくない。実際、四色問題の解決者であるアッペルとハーケンも、解説記事で、ガスリーから説き起こしている。

図1·3　F. ガスリー(弟)(1833～1886)

四色問題が解決された現在、ガスリー兄弟は、あらためて、四色問題という怪物（?）の発見者として再認識された感がある。もっとも彼らは、これをそれほどおそろしい「怪物」とは意識していなかったであろう。

地図印刷業者が知っていたか?

以上の記述は、メイ（Kenneth O. May）の論文『四色予測の起源』（Isis 56巻, 1965年, pp. 346～348）に負う。なお、この雑誌は科学史の専門誌であり、この論文の閲覧の便をはかって下さった京都大学人文科学研究所にお礼を申したい。

閑話休題――メイは、オア（Øystein Ore）の指示で調査したものであり、オアの名著『四色問題』の冒頭もガスリーから始まっている。

しかし、これまでは、たいていの本に次のようなことが書かれていた。

「地図が四色で塗り分けられるという事実は、地図印刷業者が経験的に発見したもので、永い間その仲間のうちではよく知られていたといわれる。……一八四〇年頃に、ドイツの幾何学者メービウス（August Ferdinand Möbius; 1790～1868）が講義中に注意したが、一八五〇年頃、フランシス・ガスリーが、ド・モルガンに話すまでは、ほとんど数学者の注目をひかなかった」

これはボール（W. W. R. Ball）の名著『数学的遊戯と小論』の記事の引用である。この本は、稀に見る息の長い数学の古典であって、一八九二年（明治二五年）に初版が出版され、その後、カナダの有名な数学者コグゼター（H. S. M. Coxeter; 1907～2003）が改訂増補した第一三版が現在市販されている。この本の四色問題の解説は、初版当時までの研究（本書の第四章まで）を要約した、たいへんすぐれたものだが、かえってそれ以後の書物は、四色問題についてほとんど無批判にこの記事をひき写した形になった。二〇世紀初頭刊行のドイツ数学会『数学百科辞典』の

「四色問題」から、日本の岩波の『数学辞典』（初版）の「四色問題」の記述まで、多くの本の内容が本質的にボールの本の解説以上ではなかった。

メイは文献を詳細に調査して、四色問題の起源に関する前記のボールの記述の大半が正しくないことをつきとめた。彼によると、まず多数の古地図を調査した結果、地図印刷業者ができるだけ少数の色ですませようと努力したあとは、まったく見られない、という。ごく少数の四色しか使っていない地図は、すべて実は三色で塗り分けられるものであった。色の濃淡やハッチを入れることで、事実上、何十種類の色による塗り分けが可能であるから、今日のわれわれが考えるほど色をけちけちする必要がなかったわけである。さらに実際の地図では、後でも述べるが、飛び地や海外植民地があり、同じ色に塗られるべき領域が必ずしも連結でない。また、海や湖を青く塗るという約束があるので、実は四色ではすまないことが多い。メイは、いささか皮肉まじりで、「もしも、地図印刷業者が四色予測を知っていたとしたならば、彼らはそれを最高機密にしおおせたのであろう。……」と結論している。

地図印刷業者が経験的に四色問題に気づいていたという説は、もしかするとド・モルガンの「創作」かもしれない。前出のメイの論文に、のちに述べる、ケイレイが四色問題を再提唱した折に、つぎのように述べていると、引用があるからである。

「地図の塗り分けに四色で十分という定理は、故ド・モルガン教授がどこかで扱っている。彼は、これは地図印刷業者の間で知られていたと述べている。……」

しかし、この問題は、どうやら現場の地図印刷業者たちよりも、ガスリーのような数学マニアか、パズル狂が実験的に発見したというほうが、ありそうなことである。実際、現実の国、あるいは県、州、郡、選挙区などの地図の四色塗り分けは思ったより簡単である。むずかしいのは数学者が理論的に考え出した「地図」なのである。

そして現在までのところ、ガスリー以前にこれに気づいて数学者に話したという記録がない。それでなければ、数学の問題の発見とはいいがたいであろう。

メービウスは知っていたか?

もう一人のメービウスは、有名な幾何学者である。細長い帯を一度ねじってつないだ裏表のないメービウスの帯(図1・4)はSFにも登場するほど有名であり、さらに第四章で解説する。

しかし、メービウス説の根拠は、ボールが引用しているとおり、メービウスの弟子であり、全集編集者であったバルツァー(R. Baltzer)の回顧談である。これについては、メイ以前にすでにコグゼターが、一九五九年に書いた四色問題の解説記事中で、はっきりと否定している。それによると、一八四〇年頃、メービウスは幾何学の講義の演習問題に、次の「局所定理」を出して、その翌週解答したという。すなわち、それは「平面上で互いに共通な線境界をもつ五ヵ国はありえない」というものであるが、あとで詳しく述べるように、これは四色問題とはそれほど関係のない定理であり、オイラーの定理によって容易に証明される。ずっと後年、四色問題が有名になった後、そのへんの記述を見つけたバルツァーが、これを四色問題と混同した疑いが深い。メービウス自身の論文には、四色問題に関するものは、まったくないし、この局所定理が四色問題の起源と結びついているのかどうかも、はっきりした証拠がないようである。

さらにけちをつけると、一八五〇年頃から注目をひくようになったというボールの記述も正しくない。ド・モルガンの質問は不発に終わった。これが数学上の未解決の難問として有名になったのは、本章末尾で述べるケイレイの再提唱（一八七八年）以後である。

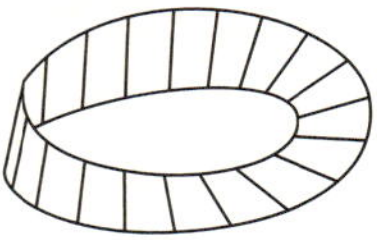

図1·4　メービウスの帯

四色問題の定式化

さて、これまで無造作に地図の塗り分けといってきたが、この問題を数学の意味ある問題とするためには、条件をはっきりさせて、定式化をしなければならない。

まず、相隣る国というときには、二つの国が国境線に沿って境を接しているものと約束する。一点だけで接している国をも相隣る国とみなす

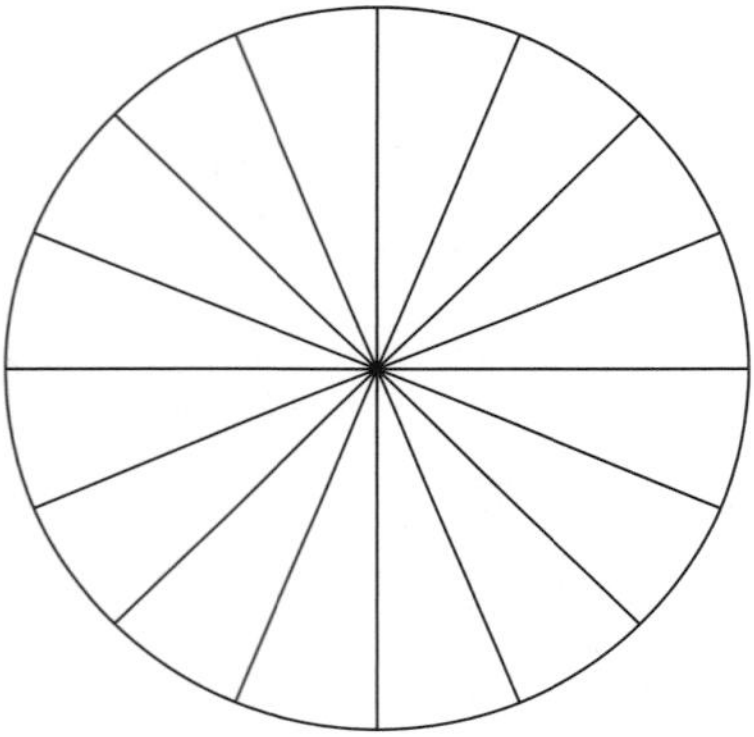

図1·5　一点で接する国はいくらでもできる

と、図1・5のような扇形の分割をすれば、いくらでもたくさんの相隣る国ができてしまい、塗り分けにいくらでもたくさんの色がいることになって、話にならない。

「自然」な国境では、四ヵ国以上が一点に会している例は珍しいが、人工的に整然と区分した境では、そういう例がある。アメリカの各州を国とみなすと、ユタ、アリゾナ、ニューメキシコ、コロラドの四州が一点に会しているのは、よく知られている（図1・6）。

このようなことがない、すなわち一点に会するのは最大三ヵ国まで、となっている地図を**正規地図**という。地図の塗り分けには、正規地図のみを考えれば十分である。というのは、もし四ヵ国、またはそれ以上が一点に会していたら、その一点のまわりに小さい国を新設して（図1・7）、三ヵ国より多くの国が一点に会しないように修正できるからである。新設した小国は、そこに会するどこか一国につけてしまってもよいし、その国を残したまま塗り分け、あとでそれを消して、三角形の部分を各国の延長としてもよい。したがって、以下、特にことわらない限り、正規地図のみを考える。

次に「国」は連結な領域であるとする。実際の地図では、海外に植民地があったり、飛び地があったりするが、そういう飛び離れた領域を同一の色にせよと指定すると、四色では塗り切れない場合が生ずる。たとえば、図1・8で、Aと記した二ヵ所を同一の色と指定すると、全体の塗り分けには、どうしても五色いる。それどころではなく、いくらでもたくさんの色が必要な地図さえ作られるので、問題にならない。

内陸にいくつもの湖があるとき、それらをも、一つの国と考えるのは自由であるが、それをすべて青に塗る、と限定すると、湖全体が連結していない国となるので、四色ではすまなくなることがある。湖は無視するか、青と限定せず、赤い湖、黒い湖なども許して塗らなければならない。逆に内陸のある国が青く塗られて、湖と区別がつかなくなっても、別にその国が水没したわけではないとして、我慢しなければならない。

そうすると、**四色問題**とは、次のように定式化される。

「平面を有限個の連結領域（国）に分ける。このとき、つねに各連結領域に四つの記号（たとえば0、1、2、3）の一つをわりあてて、線で相隣り合っている二つの領域には、必ず違う記号がわりあてられるようにできるか」

これが**四色問題**、または**四色予想**といわれる命題である。この**解決**とは、これが正しいという

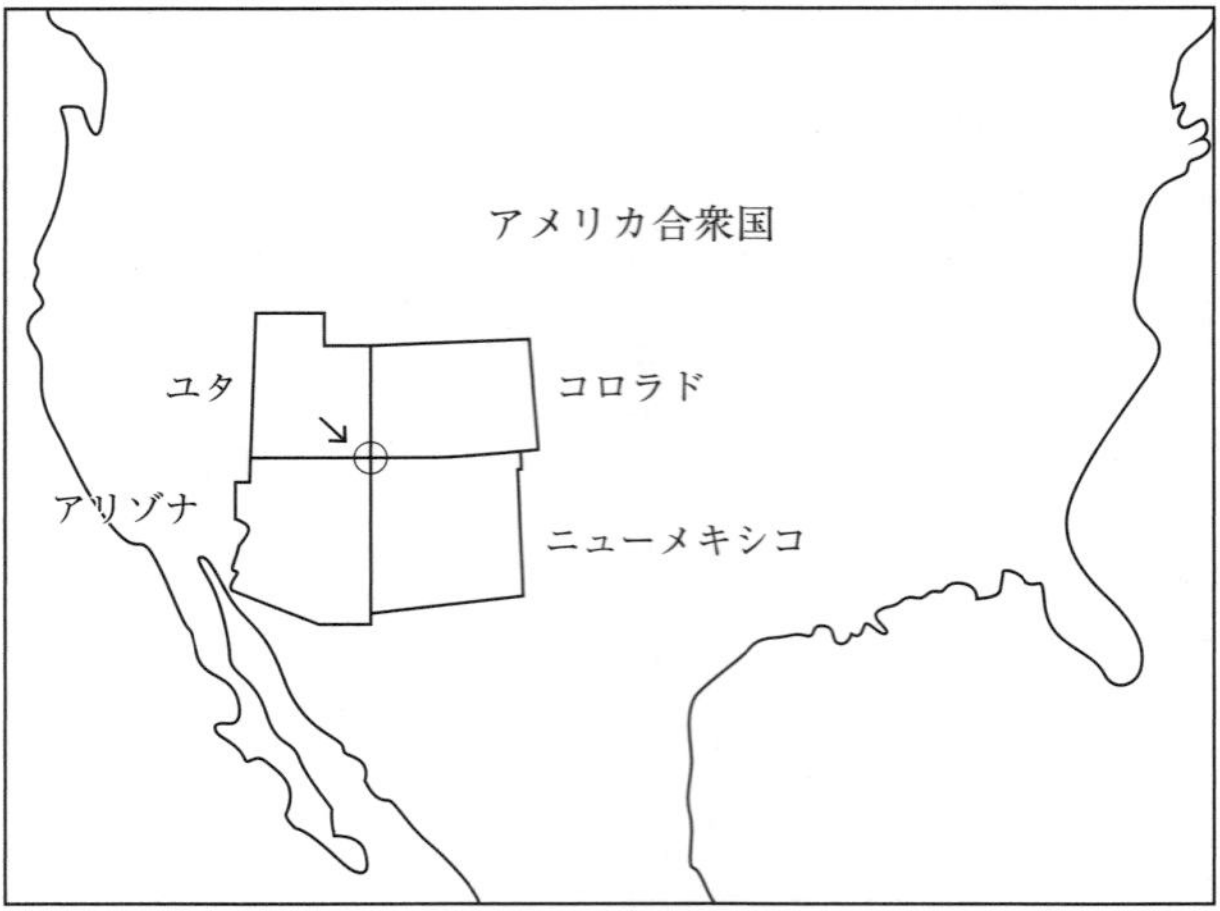

図1·6　ユタ，アリゾナ，ニューメキシコ，コロラドの四州は一点に会している

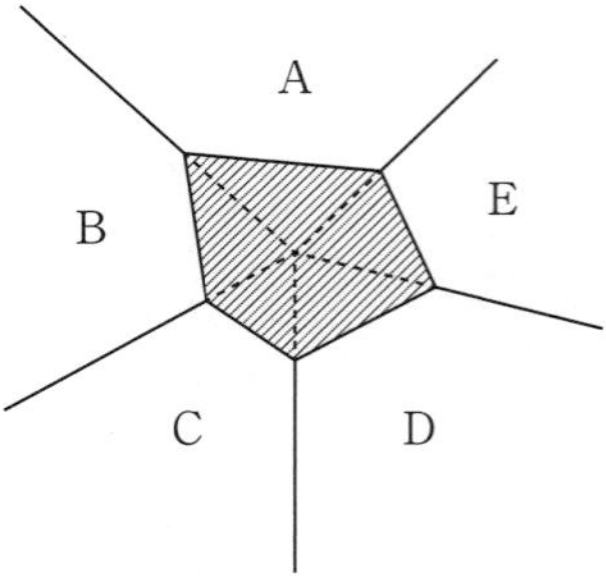

図1·7　頂点の三枝化

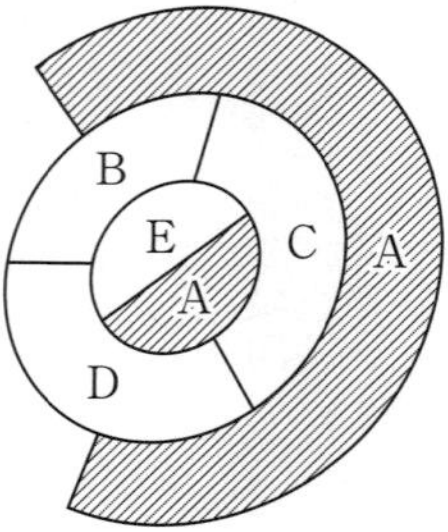

図1·8　飛び地のある地図

ことを**証明**する（肯定的解決）か、またはこれが正しくないことを示す、すなわち、どうしても五色ないと塗り分けられない地図（**反例**）を構成する（否定的解決）かのいずれかである。ただし、「五色を要する地図」というのは、どのようにうまく塗っても五色を要するということである。その地図がそうであること自体は、証明を要する。

簡単な地図でも下手に塗ってゆけば、たいてい四色では塗り分けられなくなる。しかし、それは「四色で塗り分けられない」地図ではなく、「塗り分け損なった」地図にすぎない。それでは「反例」にならないのは明らかである。たとえば、後述のバーコフのダイヤモンド（第五章参照）の周りの六ヵ国を二色で交互に塗ってしまうと、全体は四色で塗れなくなる。これは明白な塗り損ないであり、周りのどれかの国を第三の色に変更する必要がある。このように局所的になるべく少ない色ですませようとすると、かえって全体がうまくゆかない場合が多い。四色塗り分けの練習は、地域エゴイズム（?）を排し、大局全体を見る訓練になるかもしれないと思う。練習として、まず図1・9の地図を提供する。

余談ではあるが、筆者のもとにこれまでにも素人の方から、「四色で塗れない地図」と称するものが送られてきたことが何度かある。そのすべては、塗り分け損なった地図であった。そういう地図に対しては（必ずしも容易でないこともあるが）、工夫して四色で塗り分け直して、返送することにしていた。

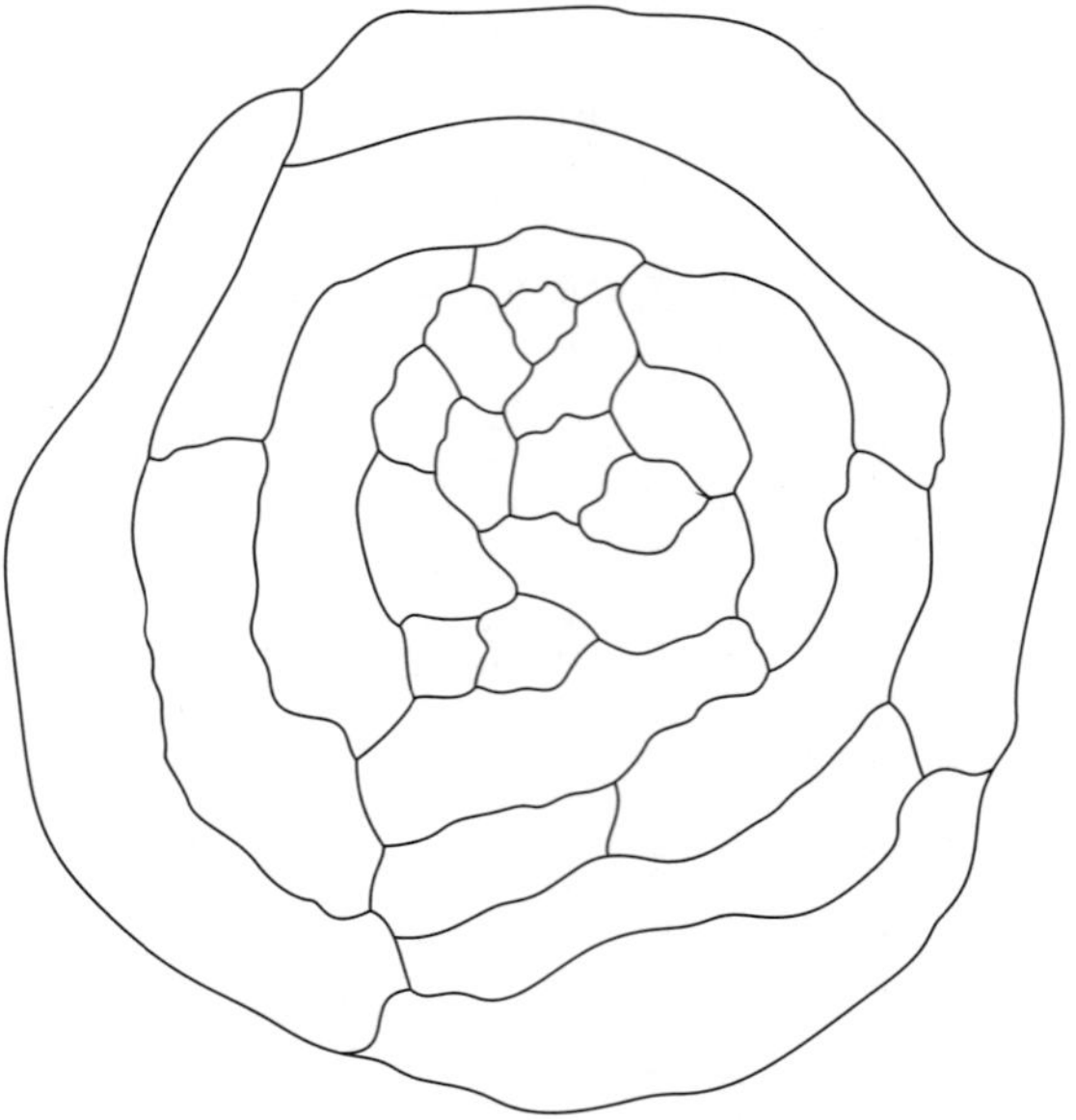

図1·9　練習問題です。四色を使用してうまくこの地図を塗り分けて下さい（比較的やさしい）

以上が一般的な四色問題の設定であるが、前に述べたように、一点に三ヵ国より多くの国が同時に会することがない正規地図に限定してよい。

また、ここでは平面全体を分けるように記した。全部の国が有限の範囲にあれば、その外側を一つの国と考えて、平面全体の分割になるから、平面全体としたほうが一般的である。ただし以下では、図を描く都合上、有限の範囲内だけを考えて、外側の国は考えない場合が多いが、それは本質を損なうものではない。

なお、「四色問題」は「シショクモンダイ」と読むのが正しいのだろうが、口調が悪いので、筆者は「ヨンショクモンダイ」と訓音混交読みをしている。

四色問題に対する素朴な考察

このように問題はたてられたが、まずこれがバカバカしい問題ではないことを見ておこう。「バカバカしい」というのは、正しくないことがすぐにわかる、というものではない、といったほどの意味である。

もしも色を三色とすると、正しくないことはすぐにわかる。図1・10のように、互いに相接する四ヵ国があるからである。具体的にこの形をなすのは、ベルギー、フランス、ドイツに囲まれたルクセンブルクの場合である（図1・11）。このように、四個が互いに接しうる互いに合同な図形もいろいろ考えられている。

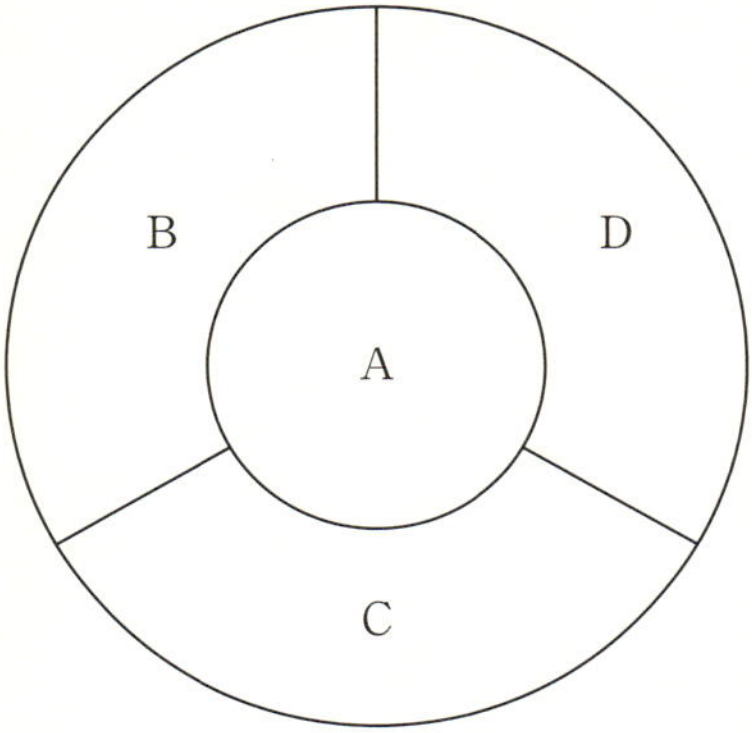

図1・10　四色は必要

地図が三色で塗り分けられるための条件は、四色問題と関連して深く研究されているが、以下では触れない。ここで注意すべきなのは、「どの四ヵ国も互いに

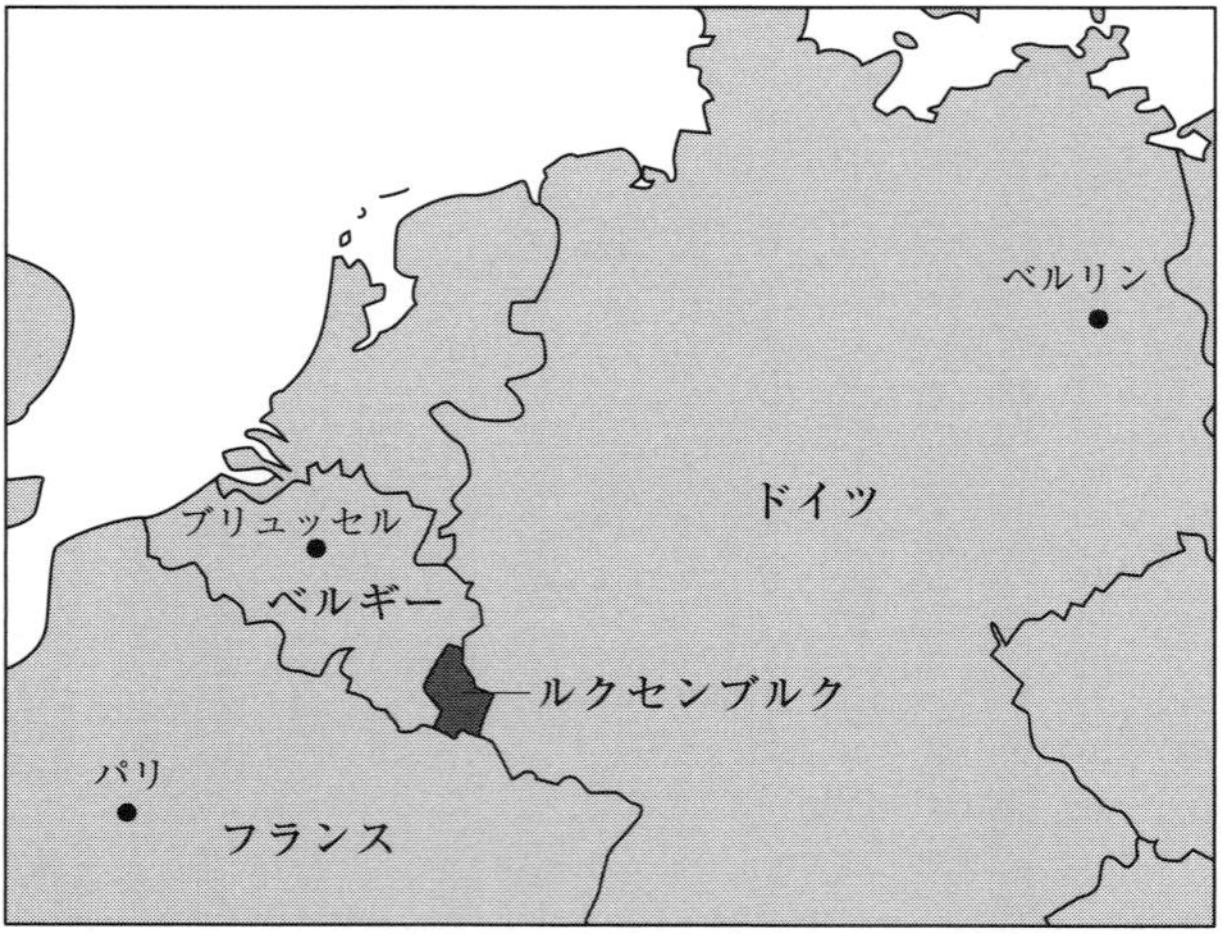

図1·11　ベルギー，フランス，ドイツ，ルクセンブルクを塗り分けるには四色を必要とする

接していないような地図でも、三色で塗り分けられるとは限らない」ことである。その一例は図1・12である。これは正十二面体の半分に相当する。中央の国に一つの色をわりあてると、その周りの国々を他の二色で塗り分けるのには、二色を交互に使うしかない。これは周りの国の数が偶数のときは可能だが、図のように奇数のときには不可能である。この例でもわかるように、塗り分けが全体として可能かどうかを定めるための、中央の国をとりまく国々が奇数個か偶数個かという条件は、地図全体を眺めなければわからないことで、局地的に数カ国をいじくりまわしただけでは判定できない性質であることに注意する。

次に類似の問題を三次元空間で考えてみ

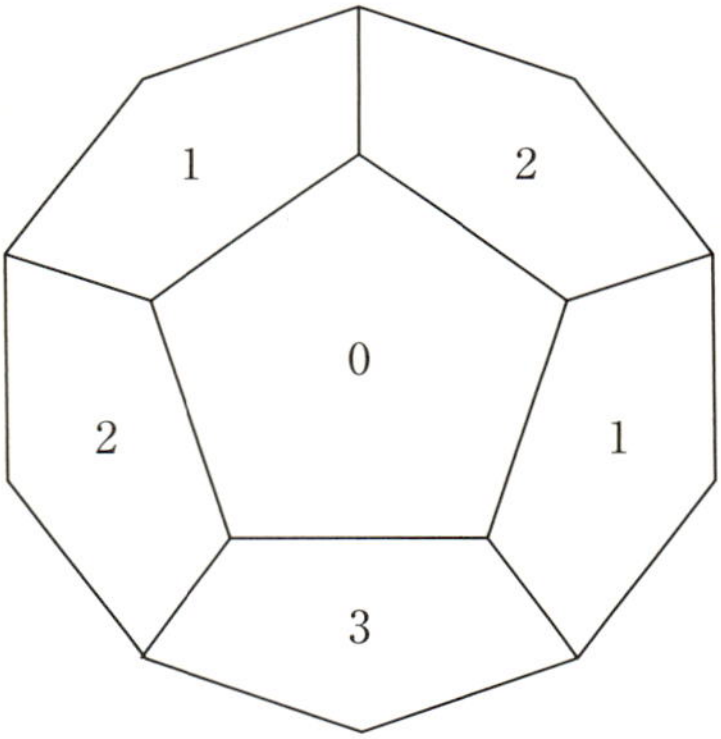

図1·12　三色ではすまない場合

よう。三次元空間内にいくつかの連結領域（国）を考え、互いに面で接する国は違う色に塗るとしたとき、何色必要か？　これは実は問題にならない。いくらでもたくさんの色が必要になるからである。その例は図１・13のように細長い直方体をＮ個並べ、その上に直角だけまわした方向にＮ個並べた図形を考えればよい。下にも上にも端から順に１、２、……、Ｎと番号をつけ、上下の同じ番号の領域を合わせて一つの国と考えれば、これらはすべて互いに面で境されているから、塗り分けにはＮ色要する。この図１・13では三個しか描いていないが、同じやり方でＮをふやせば、一万でも百億でも、いくらでもできることは想像される。

　この場合の各国は、細長い材木を直角にはり合わせたような形であるが、各国を凸集合と限定しても、やはり一定個数の色ではすまされないことがわかっていて、問題にならない。

　各国が球に十分近い（この条件をどう定量的に規定するかが問題であるが）と限定すると、一定の個数の色でつねに塗り分けられるかという、四色問題と似た形の、意味のありそうな問題になるらしい。しかしこ

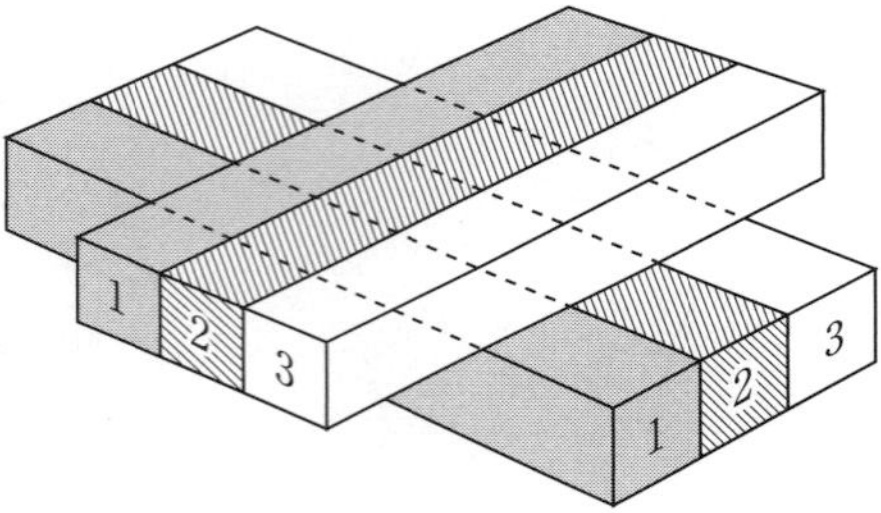

図1・13　空間ではいくらでも色が必要

うなると、「位相幾何学（トポロジー）」だけの問題とはいえなくなる。

あとで述べるように、四色問題はグラフの問題に帰着されるのであるが、平面上に余計な交わりを生ぜずに描ける平面グラフは特別なグラフであるのに対して、「空間グラフ」というのは、何ら制限にならないところに、本質的な差があるようである。四色問題を拡張するとすれば、第四章で述べるように、曲面上の地図を考えるのが一つの方向であろう。

平面上に互いに接する五ヵ国は存在しない

四色問題がつまらない問題ではないことの説明に、24ページで言及した局所定理がある。もしも、平面上に互いに接する五ヵ国が存在すれば、その塗り分けには、どうしても五色を要し、四色問題は誤りになる。

この事実は、これからこの章の末近くまでに解説するように、オイラーの定理によってきれいに証明できる。しかしながら、この事実が四色問題の解決ではないことを強調しておく必要がある。もしも、これで四色問題が証明されたのならば、「平面上で互いに接する四ヵ国が存在しない地図は三色で塗り分けられる」ということも、まったく同様に証明されるであろう。しかし、このあとの命題が誤りであることは、すぐ前に解説したとおりである。四色問題の証明だというのならば、なぜ3のときにはいけない推論が、4のときには正しいのか、という点について、納得のゆく説明がなければならない。

　前に述べたメービウスの話でもそうだが、素人の研究者が、「四色問題を解決した」と称して送ってくる「論文」の半分くらいは、この局所定理を証明しただけのものである。ある意味で不幸なことに（?）、この定理の証明は、そうやさしすぎもむずかしすぎもせず、ある程度の数学的能力のある人には誰でもできるものなのである。したがって、四色問題の真のむずかしさを十分に理解しない素人の研究者は、これをもって四色問題の「解決」と早合点するのも無理はない。しかしこの事実は、四色問題自体に対しては、せいぜい五ヵ国からなる地図の塗り分けが四色ですむこととか、四色問題がただちにうそだとわかるような平凡な問題ではない、ということを保証するのにすぎない。ただし、第二章で述べるように、五色による塗り分けが可能という定理の証明には、この事実も役に立つ（60ページ参照）。

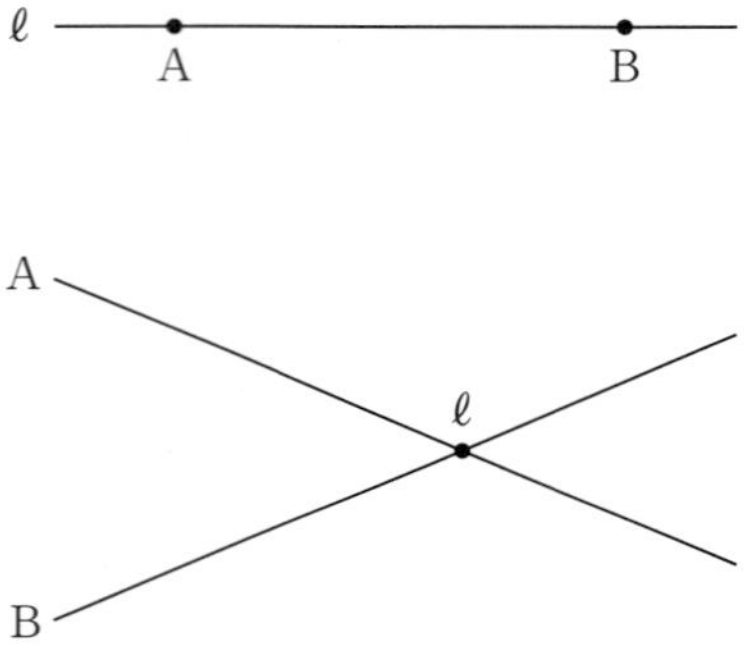

図1・14　点と線の双対性

双対グラフ

四色問題、あるいはもっと一般に地図の塗り分けを論ずる折に、それを以下のように**双対グラフ**に変換して扱うことが多い。

「双対」は「相対」と区別して、ソウツイと読むことをすすめる。この語は数学において広く使われるが、元来は、ある体系における対象甲と対象乙を交換する、あるいは甲と丙とを交換し、乙をもとのままにした命題を意味する。たとえば平面幾何学で点と線（直線）を交換し、それに応じて必要な言葉を修正して、たとえば「二点を通る直線」を「二直線の交わる点」としたものである。この際、「を通る」「の交わる」などを「の定める」とすれば、統一的に扱える。そして平面射影幾何学においては、正しい定理からこのように線と点を交換して得られる定理もまた正しい、という「双対原理」が、一般的に成立する（図１・14）。これは数学における最古の「双対原理」とされている。同様に三次元射影幾何学においては、点と面（平面）を交換し、線は線として双対原理が成り立つ。ここでいう

双対グラフとは、図1・15のように地図での面（領域）を点におきかえて得られる図形である。これは三次元射影幾何学での双対原理から借りてきた名であろう。

それを作るには、各国をその内の一点（たとえば首都）で代表させ、代表点同士を結ぶ線（たとえば高速道路網）で国境をおきかえて得られる。ただし、新しい線（道路）は、もとの国境とちょうど一回だけ交わるような、なるべく滑らかな簡単なものにする。この線で囲まれる領域は、もとの地図では三ヵ国以上が会する国境上の点の拡大である。そうすると、四色問題は次のようにいいかえられる。

「平面上の点と、それらを与えられた点以外では交わらない線で結んだ平面グラフが与えられたとする。その各頂点に四つの記号（たとえば0、1、2、3）のいずれか一つずつをつけ、結ばれている点同士につく記号が相異なるようにできるか？」

これが四色問題の単なるいいかえであること

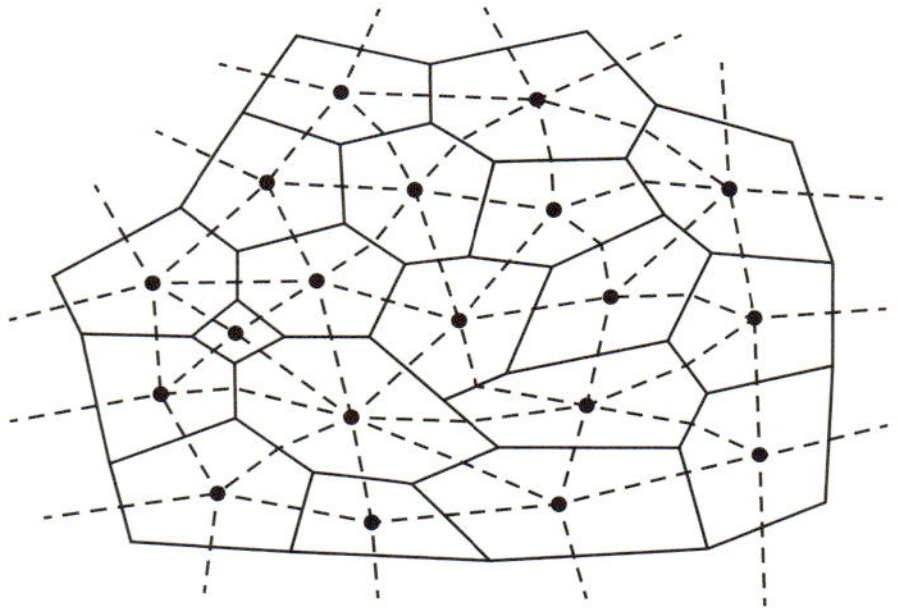

図1・15　双対グラフ

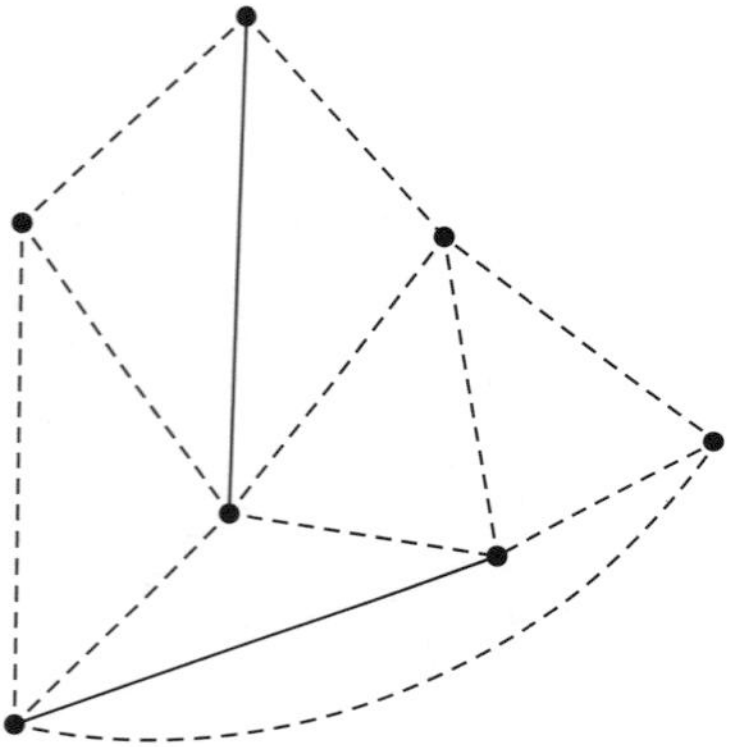

図1・16　余分な線を追加して三角形化

は明らかであろう。したがって、以下これをも「四色問題」とよぶ。このとき、もとの地図でn辺国（nヵ国と境を接する国）は、n枝点（n本の辺がでる頂点）に変換される。また正規地図ならば、双対グラフの辺で囲まれる図形は、すべて三角形になる。双対グラフを作って、もし四角形以上ができたならば、対角線を加えて、すべて三角形からなるようにしても、条件が増えて、問題がむずかしくなるだけであって、問題としての一般性は失われない。したがって、以後双対グラフとしては、すべて囲まれる図形は三角形をなすものとする。その意味でこれを**三角形分割**とよぶことが多い（図1・16）。

四色問題の研究において、もとの地図のままよりも、双対グラフに直したほうが扱いやすいのは、もとの地図では面と境の線を考えるのに対して、双対グラフでは、点と線を考えることになるからである。このように点とそれを結んだ線からなる図形を一般に**グラフ**または**線型グラフ**といい、今日では数学の重要な一分野に成長している。もちろん、「グラフ理論」には多くの立場がある。実際、点を主体として、線は点同士の関係と見る組み合わせ論的立場から、線こそ主体

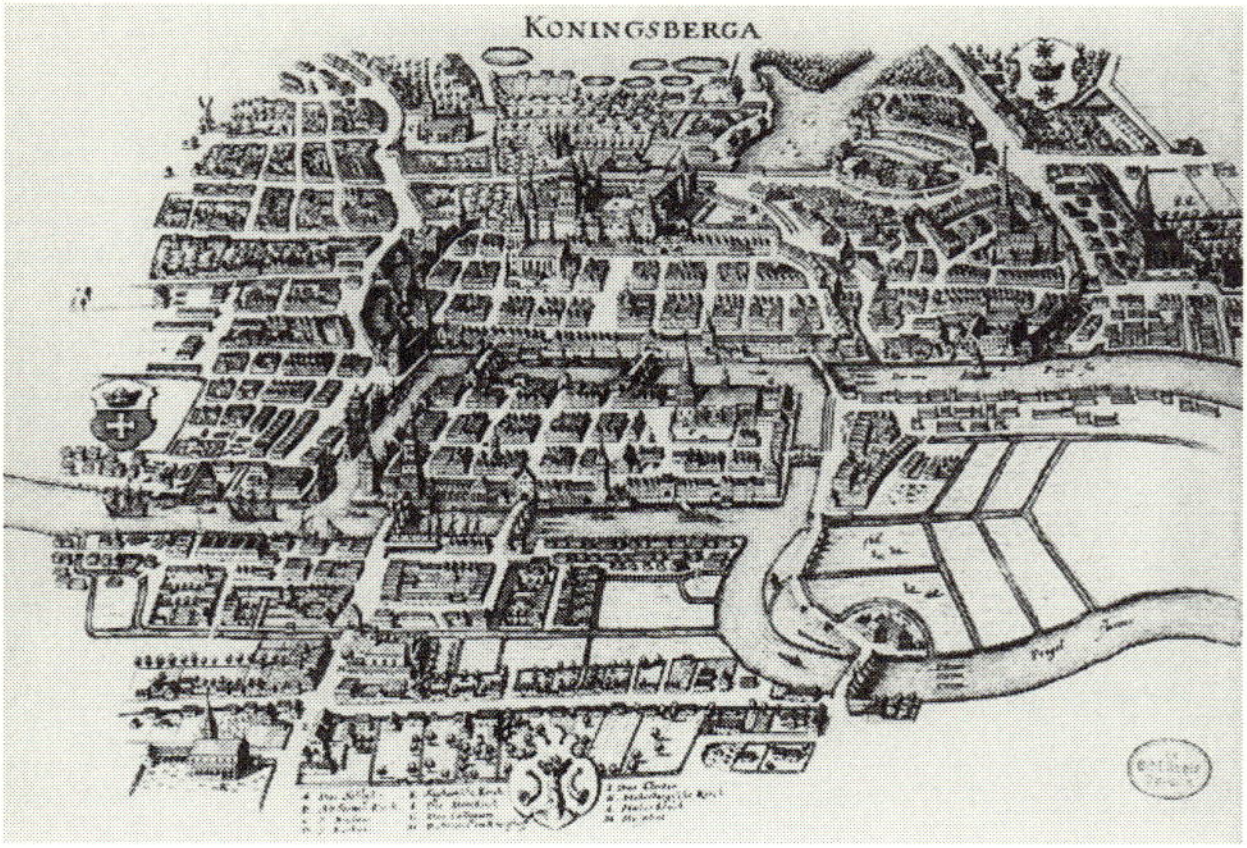

図1・17　ケーニヒスベルクの七つの橋。この橋を一度しか渡らないで全部通るにはどうすればよいか？　というのが有名な「七橋問題」である（答えはみなさんで考えて下さい。実は不可能です。その証明も難しくありません）

で、点は単なる結び目（ターミナル）だと見る電気回路や鉄道網のような見方まで雑多である。

グラフに関する用語は、見方に応じてさまざまであるが、本書においては以後原則として、双対グラフに対しては、**点**または**頂点**と**枝**という語を使い、もとの地図の国の接する国境線は**辺**とよんで区別することにしよう。

歴史的に**トポロジー**（位相幾何学）は、ケーニヒスベルクの七橋渡り（一筆書き）の問題に始まったといわれる。しかし、一筆書きは、むしろ**グラフ理論**の話題である。トポロジーとグラフ理論とはしばしば混同される。一時期中学校の指導要領に加えられた「図形の位相的な

	V	E	F	V＋F－E
正四面体	4	6	4	2
正六面体	8	12	6	2
正八面体	6	12	8	2
正十二面体	20	30	12	2
正二十面体	12	30	20	2

見方」と称する内容も、実は現在のトポロジーというよりは、むしろグラフ理論の内容だった。「トポロジー」と「グラフ理論」との微妙な差は論ずると長くなるし、またこの本の趣旨でもないが、一言にしていえば、点と線の有限図形をそのまま扱うのがグラフ理論であり、それを補助に利用して、たとえば無限に細かくした極限を通じて、空間の構造を論ずるのがトポロジーである。

オイラーの定理

オイラーの定理は、前記の意味でのグラフ理論とトポロジーとを結ぶ重要な結果である。それは普通、次のように述べられる。

「凸多面体の頂点、辺、面の総数をそれぞれV、E、Fとすると、つねに等式 V＋F＝E＋2 が成立する」

たとえば正多面体については、上の表のとおりであって、たしかにこの等式が成立している。

なお、この記号は以前にはドイツ語の点、辺、面の頭文字をとって、E、K、Fと書かれるのが普通であった。英語の頭文字をとれば、V、E、Sであろうが、KやSという文字は別の意味に使いたいので、あえて折衷式にV、E、Fとしたことをお許し願いたい。ただしEは edge、Fは face の頭文字とすれば英語でもそのまま通用する（近年の慣用）。

オイラーの定理は、オイラー（Leonhard Euler; 1707～1783）自身よりも百年近く前のデカルト（René Descartes; 1596～1650）の時代に、n角形の内角の和の公式を立体に拡張することや、多面体の形態を点、辺、面の数で分類しようという試みを通して知られていた。凸という条件は本質的ではなく、ふくらまして球面になるような多面体なら成立する。多面体の一つの面を除き、残りを（ゴムでできているとして）ひきのばして平面上におしつければ、平面グラフができるが（図1・19）、そのとき平面グラフの点と辺と辺で囲まれる基本的領域の数V、E、Fの間に、

$$V+F=E+1$$

という関係があることになる。右辺が1減ったのは、面を一つ減らしたからである。もしも、有限の範囲に描かれた図形の外部全体を一つの面と見れば、Fが一つ増して、オイラーのもとの等式に戻

図1・18　L. オイラー（1707～1783）

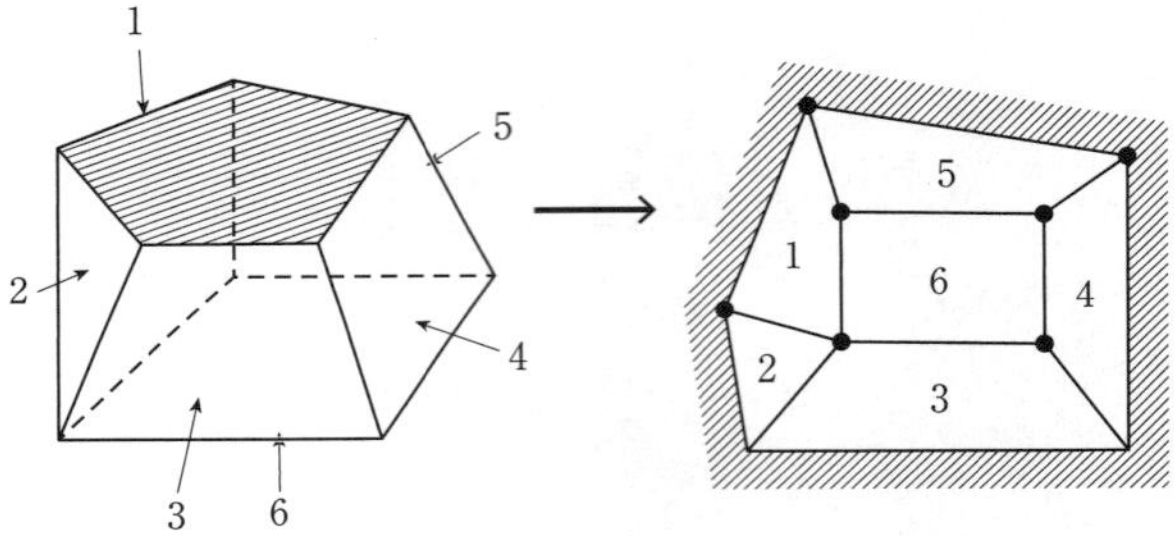

図1・19　多面体の平面化

る。これも**オイラーの定理**とよばれる。

オイラーの定理は、もちろんそのままでは個々の多面体、またはグラフの性質である。しかし、

$$\chi = V + F - E$$

という数が、その面上に描かれた任意のグラフについて一定（このときは2）である、という意味で、面のトポロジーの基本的な定理なのである。この χ（ギリシア文字のカイ）を**オイラー標数**という。球面のオイラー標数は2である。平面も、図形の外部を一つの面とみなして球面と同等に扱うのが普通である。

オイラーの定理は、図1・20の額縁のような多面体では成立しない。この図では、

$$V = 12 \quad E = 24 \quad F = 12 \quad \chi = 0$$

である。これはふくらませると球面にならず、ドーナツの表面のような円環面になるからである。円環面のオイラー標数は0である（第四章参照）。

さらに穴をg個あけたg人用の浮き袋のような曲面（図1・21）を考えると、そのオイラー標数が、

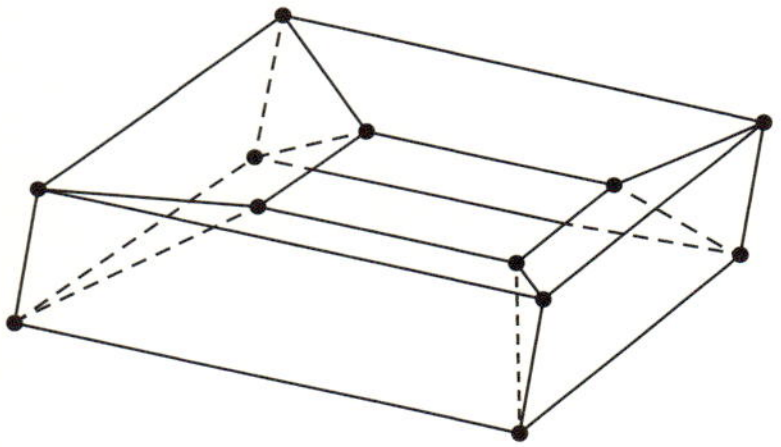

図1·20　オイラーの定理が成立しない多面体

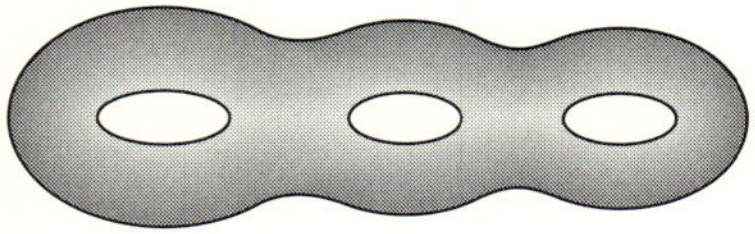

図1·21　g（＝3）人用浮き袋

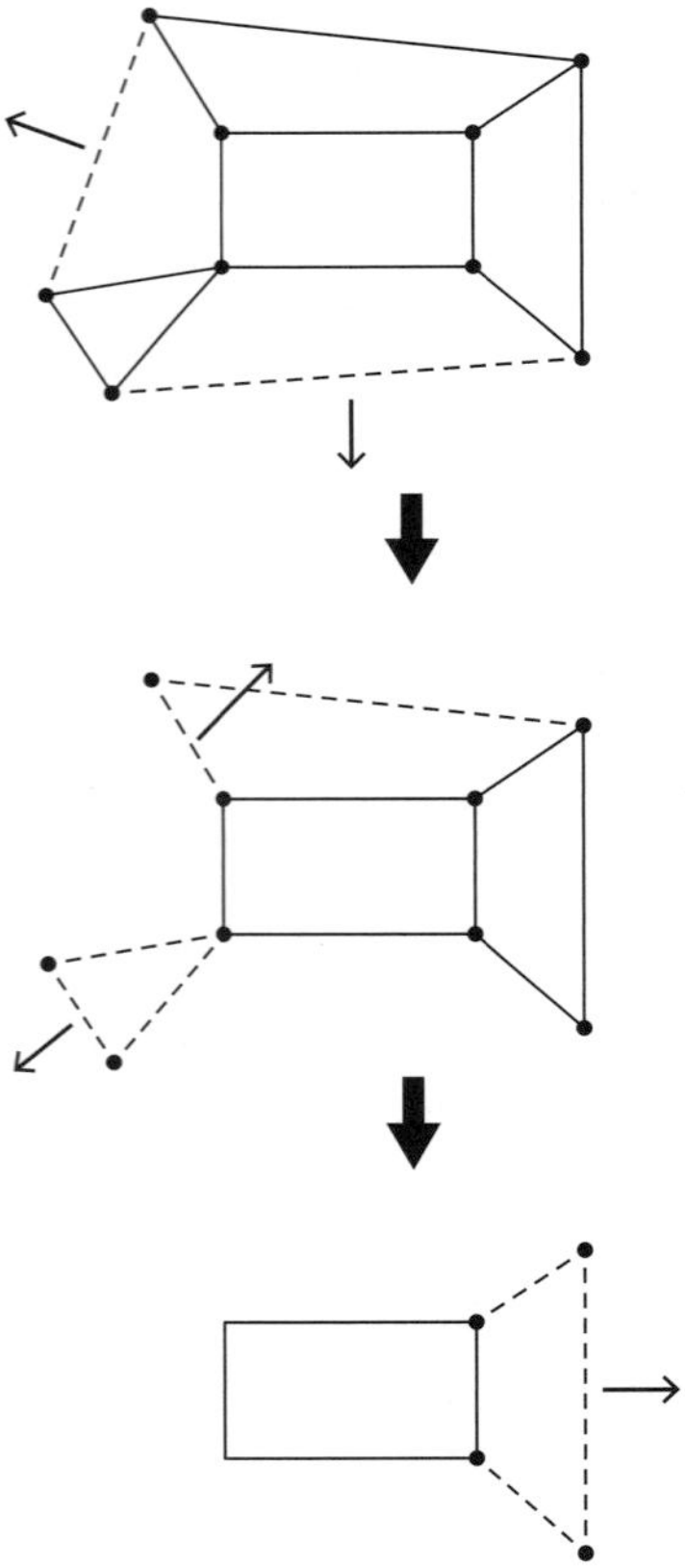

図1·22　グラフをこわしてオイラーの定理を証明する

$$\chi = 2 - 2g$$

となることが示される。このような曲面については、曲面上の地図の塗り分けに関するヒーウッドの研究と合わせて、第四章で解説することにしよう。

オイラーの定理の証明

オイラーの定理がオイラー以前から知られていたことは事実であるが、彼の名を冠するのは、彼が初めて角度などに依存せず、トポロジー的というか、グラフ理論的な証明を与えたからである。すなわちこの性質は、点や辺の個数だけが問題であり、線がまっすぐとか、面が平らとか、どれだけの角度で交わっているといった量的な条件はいっさい不要だということをはっきりさせたからである。これにより、これまでの長さや角を主とした計量的幾何学とは別の見方を導入し、本当の意味でトポロジーの開祖となったところに、重要性がある。

ここでそのような証明をしよう。一つの面を除いて多面体を平面に表現し、これを分解してゆく途中で、

$$\chi = V + F - E$$

という値の変化を考える。

図1・22のように途中で図形が分離しないように端から順に面をはずしてゆく。一般にはずすべき面がn角形で、外側のm辺が自由であり、残りの辺が隣りとつながっているとしてよい。ただし、つながっている辺が少なくとも一つはあるから、n>mである。この面をはずすと、面の数は1、辺の数はm減る。頂点はm辺のつなぎ目の数（m−1）個だけ減るから、けっきょく、V＋Fはm個減る。一方、Eもm個減るから、差のχは変化しない。

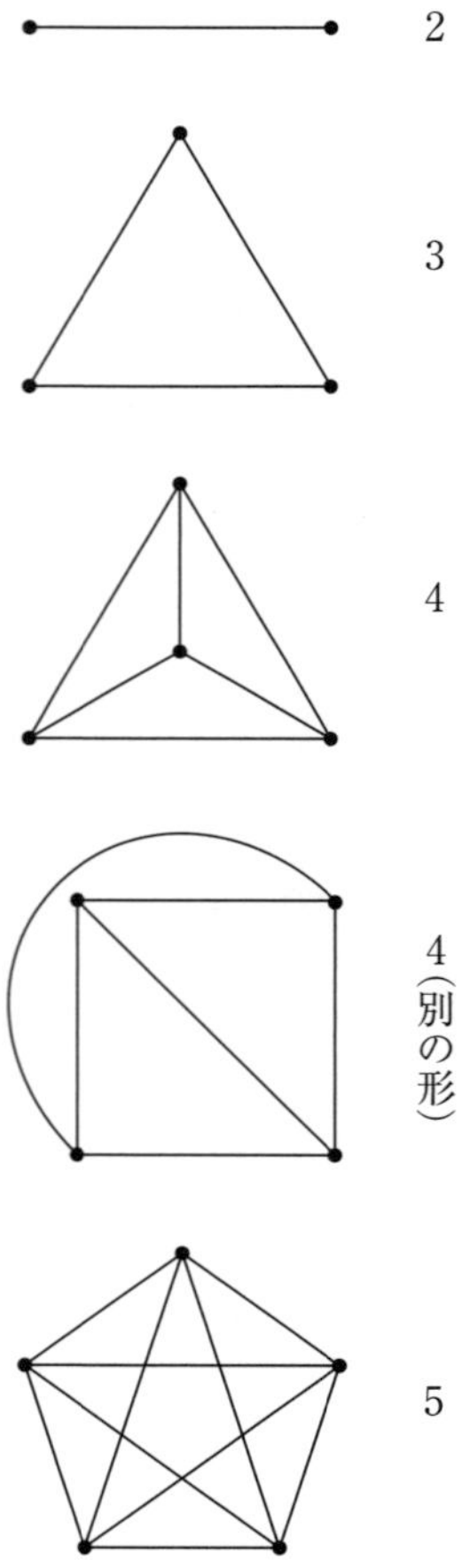

図1・23　完全グラフ

平面の場合には、すべてこのような形の反復で進行し、最後に唯一つの面が残る。そのとき面の数は1、辺の数と頂点の数は等しいから、

$$\chi = V + F - E = 1$$

である。したがって、最初のグラフのオイラー標数も1である。多面体にもどせば、最初に面を一つはずした（点と辺の数は不変）から、オイラー標数χは2となって、証明を終わる。

局所定理の証明

オイラーの定理は、平面あるいは球面のトポロジーの基本定理であり、四色問題の研究にも重要な応用があるが、とりあえずここでは懸案の**局所定理**の証明をしよう。他の応用は、次章以下に順次解説する。

互いに接する五ヵ国は、双対グラフを作れば、五点と、それらのすべての対を結ぶ計一〇本の枝からなるグラフになる。このようにn点のすべての対を結んだグラフを**完全n点グラフ**という。完全四点グラフまでは、図1・23のように平面グラフとして表現できる。局所定理とは、完全五点グラフが（余分の交点なしに）平面グラフとして表現できない、という定理にほかならない。

もし完全五点グラフの平面表現ができたものとすると、五点から三点をとった各組に対して、それぞれその三点を頂点とする三角形ができる。その内には図形の外部になるものもあるが、ともかく平面が三角形に分割される。その個数は五点から三点をとった組み合わせの数として一〇個である。したがって、平面上に五点、一〇本の辺、一〇個の三角形（外側も含む）からなるグラフが描けることになるが、これはオイラーの定理に反する。ということは、完全五点グラフは平面上には（余分の交点を生じないように）、描けないことになる。

大体こういう証明でよいが、厳密にいうと、平面上に描いたとき、各面が三角形ではない形になるかもしれないという心配がある。正しくは、面の数が、$10+2-5=7$であり、各面が三角形以上だから、辺の数は（各辺が二回ずつ数えられるので）、$3\times 7/2=10.5$ より多くあるはずなのに、一〇本だから矛盾、というほうがよい。あるいは、頂点が五個だから、できる面は三、四、五角形のいずれかであり、その個数をそれぞれP_3、P_4、P_5とすると、

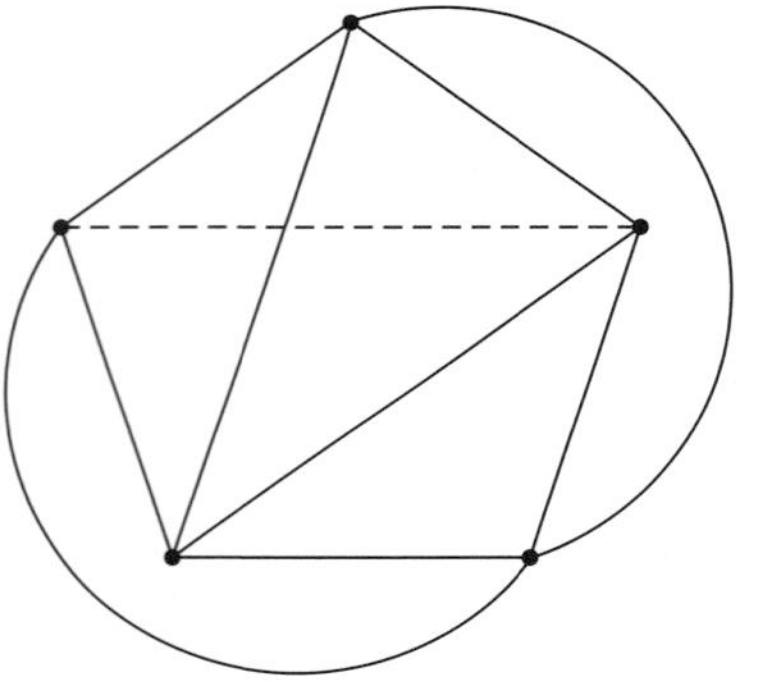

図1・24　最後の一本が引けない

$$P_3+P_4+P_5=7,\quad 3P_3+4P_4+5P_5=2\times 10$$

という方程式ができるが、前者を三倍して後者から引けば、

$$0\leqq P_4+2P_5=-1$$

という矛盾になる、といってもよい。

一〇本の辺のうち、九本までならば、図1・24のように描けるが、最後の一本（図の点線）を余分の交わりなしに引くことができない。これは、この図のやり方が下手なためではなく、どのように工夫しても不可能なのである。

もちろん、平面以外の曲面上には、完全五点グラフも、あるいは、もっと大きな完全n点グラフも描ける。第四章で示すとおり、たとえば、メービウスの帯上には完全六点グラフが描けるし（図4・13参照）、円環面上には、完全七点グラフが描ける（図4・9参照）。一般にある曲面上に完全n点グラフが描ければ、その上の地図の塗り分けには、少なくともn色が必要になる。もちろん、逆に完全n点グラフが描けなくても、それだけでn色未満で塗り分けができると、すぐに結論することができないのは、平面の四色問題の場合と同様である。ただし、第四章で述べるように、平面（球面）以外の曲面では、この性質は、結果的には正しい定理になっている。

ケイレイの再提唱

学問の研究にも時流がある。時期尚早の時代に発表された研究は、長いこと忘れられてしまう場合が多い。それが機熟した折に再発見されると、大評判になり、再発見者の名で一世を風靡することもよくある。

四色問題に対するガスリー、ド・モルガンの提唱も前者に近かった。一八五二年の彼らの出題

図1·25　A. ケイレイ（1821～1895）

は、ほとんど忘れられてしまった。これが有名になったのは、その二十数年後、ケイレイによる再提唱以降である。

　ケイレイ（Arthur Cayley; 1821～1895）は、いささか奇妙な経歴の持ち主である。彼はケンブリッジ大学に学び、二三歳のとき、『n次元解析幾何学』を発表し、数学者として出発した。そのままなら普通だが、まもなく法学部に再入学して弁護士を開業する。しかし、弁護士の間に先輩のシルベスター（James Joseph Sylvester; 1814～1897）とともに、群論、線型代数などのすぐれた研究を発表し、四二歳でケンブリッジ大学の数学の教授に返り咲き、また結婚する。晩年は、シルベスターの招きでアメリカに渡り、結果的にはアメリカの数学の発展に大きく貢献することになる。

　この両名は、しばしば「不変式論の双子」とよばれ、「不変式論は、あたかもミネルバが成人した姿でジュピターの頭から生まれたように、ケイレイの頭から一挙に成人した姿で生まれた」（ヘルマン・ワイルの言葉）といわれる。マトリックス（matrix 行列）、テンソル（tensor）など多くの現代慣用の術語を命名したのも彼らである。

ケイレイは、若い頃、ド・モルガンから四色問題のことを伝えきいたらしい。しかし、出典を明らかにしていない。一八七八年六月一三日に、ロンドン数学会の会合の折に、彼はこういう事実が知られているか、という四行の質問書を提出した。さらにどうも未解決の難問らしいと知って、あらためて翌年これを王立地理学協会の雑誌 Proceedings of the Royal Geographical Society, 1巻, 1879年, pp. 259～261 に発表して、この問題のむずかしさを指摘した。このへんの日付や内容についても、これまでの解説書には、しばしば両者を混同した記述がされている。

ケイレイの再提唱は、まさに機熟したときになされた感じである。一八七九年（地理学協会雑誌の論文発表の年）に早くもケンペが研究を発表し、以後百年にわたる四色問題研究の扉が開かれた。それは、次章以降に順次解説しよう。

第二章　ケンペの研究

——最初の研究と早合点

それはシッポだよ！

ケンペの結果の意義

ケイレイのロンドン数学会への質問書に答えて、その翌年に本職はロンドンの弁護士であったケンペ（Alfred Bray Kempe; 1849～1922）は、四色問題に関する研究論文（On the geographical problem of the four color, Amer. Journal of Math. 2, 1879年, pp. 193～200）を発表し、これを証明しえたと称した。彼の議論は非常に見事で、ヒーウッドが誤りを指摘するまで、一〇年間正しいと信ぜられていた。また結果的にいうと、四色問題の解決に関する一世紀にわたる研究結果は、ケンペの誤りを正そうとするいわば**ケンペ流**と、それ以外の断片的な方法とに大別され、結局、前者の方向で成功したといってよい。ただその道は、予想以上に困難だった。

その意味で、ケンペの研究は四色問題研究の基礎であるから、少し詳しく解説する。と同時に、彼の議論のどこに誤りがあったのかについても注意しておこう。

ケンペの着想

ケンペの考え方の基本は、きわめてオーソドックスなものである。こういう問題の証明には、本質的に国の個数に関する数学的帰納法によるしかない。つまり、四ヵ国以下の地図ならば、もちろん四色で塗り分けられるから、地図が与えられたとき、その国の数を減らして、塗り分けがつねにもっと国の数の少ない地図に還元されることを示せばよいわけである。

そのために、ケンペ自身はそういわなかったが、後の説明の便宜上、ここで、この本で中心となる不可避集合と可約配置という概念を導入しておこう。

不可避集合とは、どの地図にも、そのどれかが必ず含まれているような形の国、または連なった国々からなる集合である（例は後にたくさん現れる）。

可約配置とは、塗り分けにあたって無視してよい連なった国々の形である。ここで**配置**とは、特定の形の国のつながった図形を意味する。もう少し詳しくいうと、次のとおりである。配置Cが、もっと大きい地図Mの一部にあるとする。このときCを除いた残りが四色で塗り分けられれば、その塗り分け方に対して、そのままでは無理であっても、必要に応じてある定まった規則で色の交換などの修正を施すと、その塗り分け方をCに延長し、M全体の四色塗り分けにできる、という性質をもつとき、Cを可約配置という。可約配置を除いて地図の国の数を減らすことを地図の**還元**という。

図2・1　A. B. ケンペ（1849〜1922）

　自明な可約配置の簡単な一例は、二辺国、あるいは

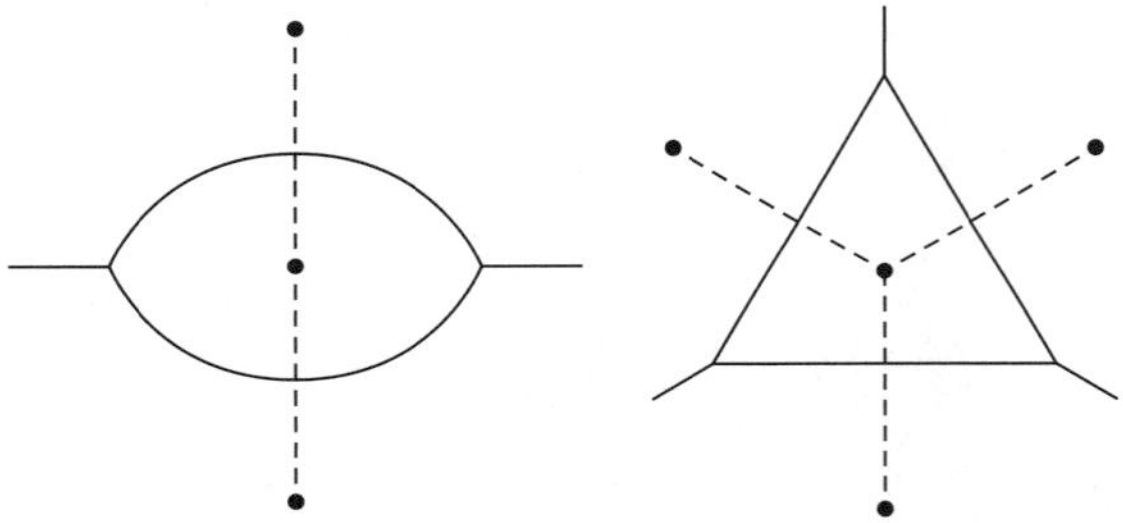

図2・2　二角形（左）と三角形（右）

三辺国である（図2・2）。後者は三角形、前者は少しおかしい語だが、二角形といってよかろう。二辺、または三辺国を無視して塗っても、あとでそのまわりの国に使った以外の色をそこにわりあてることは容易である。一般に、m色が許されれば、（m−1）辺以下の国はすべて「自明な可約配置」である。

大きな地図の中に可約配置があれば、それを除いた地図の塗り分けを考えればよいから、国の数が減らせる。したがって、帰納法が有効である。もしも、すべての地図の中に必ず可約配置があるならば、いいかえれば、可約配置ばかりからなるような不可避集合が作られるならば、任意の地図に対して国の数が減らせることになって、四色問題の帰納法による証明が完成する。

あるいは同じことだが、四色問題が誤りであって、どうしても五色を要する地図があるものとしよう。そうすれば、五色を要する地図のうち、国の数の最小な、**最小反例**があるはずである。その最小反例は、可約な配置を含みえない。含んでいれば、それを除いたもっと少ない数の国からなる反例ができるからである。したがって、可約配置をたくさん見つけてゆけば、ついに最小反例の中にも必ずそのどれかが現れて矛盾になる、という議論が成立するであろう。以上がケンペの着想のあらすじである。

もちろん、こういう話は、抽象的にその考え方を述べただけでは、机上の空論に近い。具体的に不可避集合と可約配置を作って見せる必要がある。以下順を追ってケンペの証明をみてゆこう。その折に地図は、その双対グラフに直して扱う。そのほうがケンペの方法には便利だからである。

三角形分割に対する基本公式

不可避集合の一例を求めるために、まず第一章で述べたオイラーの定理から出る重要な基本公式を導こう。

正規地図の双対グラフは三角形からなるから、平面上に枝の囲む図形がすべて三角形であるようなグラフを描く（図2・3）。その頂点の数をV、枝（辺）の数をE、面の数（外側も含め

る）をFとすると、

$$V+F=E+2 \qquad (1)$$

が、オイラーの定理である。つぎに各頂点から出る枝の数を数える。枝がn本出ているとき、**n枝点**または**n集点**という。n枝点の総数をV_nとする。n枝点はもとの地図でいえばnヵ国に接するn辺国に相当するから、nが1、2のものはないとしてよい。というのは、あったら消してしまっても、塗り分けには影響しないからである。そうすると、$n \geqq 3$としてよいので、

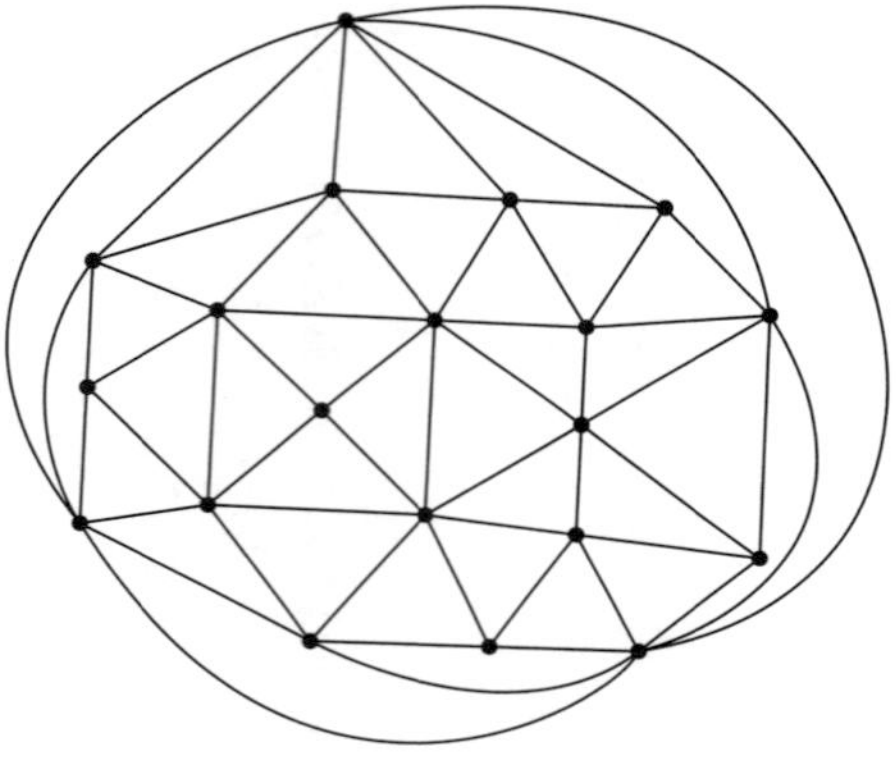

図2·3　三角形分割

$$V=V_3+V_4+V_5+\cdots\cdots \qquad (2)$$

である。この和は、もちろん個々の地図では有限和であって、一点から出る最大の枝の数の所までである。

つぎに枝の数を数える。もとの地図ですべての辺は、ちょうど二ヵ国の境だから、すべての枝は両端に二点を有する。他方n枝点からはn本の枝が出るから、のべ、$3V_3+4V_4+5V_5+\cdots\cdots+nV_n+\cdots\cdots$本の枝があるが、このままでは、すべての枝がその両端から見て、二度数えられているから、等式、

$$2E=3V_3+4V_4+5V_5+\cdots\cdots+nV_n+\cdots\cdots \qquad (3)$$

を得る。一方、面はすべて三角形で、その周りの枝は、のべ3F本あるが、これもまた各枝がその両側から二回ずつ数えられているから、

$$2E=3F,\ すなわち\ 4E=6F \qquad (4)$$

となる。そこで、式(2)を6倍して式(3)を引き、$2E=6E-4E=6E-6F$ と変形すると、

$$6V-6E+6F=3V_3+2V_4+V_5-V_7-2V_8-\cdots\cdots \qquad (5)$$

となる。式(1)から、式(5)の左辺は2の6倍、すなわち12だから、基本公式、

$$3V_3+2V_4+V_5-V_7-2V_8-\cdots\cdots=12 \qquad (6)$$

を得る。なお、右辺をオイラー標数の6倍と修正すれば、公式(6)は任意の曲面で成立する。これがここでいう**基本公式**である。

基本公式の応用

とくに平面（または球面）のときには、前記の公式(6)の右辺が正だから、左辺に＋の項が必ずある。V_3、V_4、V_5のすべてが0ということはない。つまり三角形分割には、五枝以下の点が必ずあることになる。いいかえれば、五枝以下の点は、平面グラフの不可避集合の簡単な一例である。

このことから、ただちに任意の平面地図は六色で塗り分けられることがわかる。六色あれば、五枝以下の点（もとの地図では五角形以下の国）は、自明な可約配置だからである。

一般にある曲面上のグラフにm枝以下の点が必ずあるならば、その曲面上の地図は（m＋1）色で塗り分けられる。さらに次のような一般的定理が成立する（証明は後述）。

「もしもある曲面S上のグラフに必ずm枝以下の点があり、また完全（m＋1）点グラフがS上に描けないならば、その曲面S上の地図は必ずm色で塗り分けられる」

この定理から、平面（球面）上の地図は、つねに五色あれば塗り分けられることになる。もしも、平面上の地図に必ず四辺以下の国があるのならば、第一章で述べた局所定理と合わせて、m

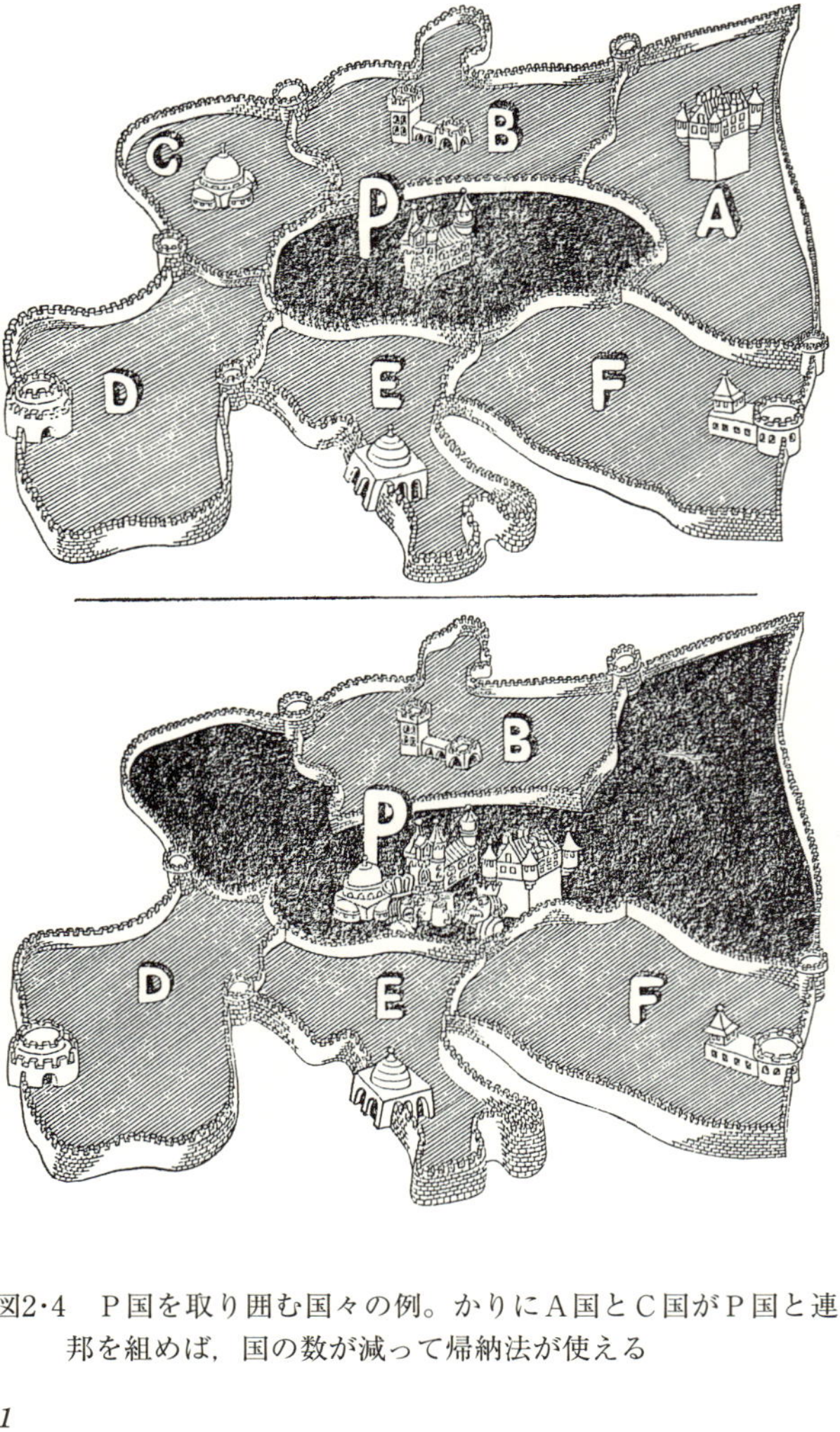

図2·4　P国を取り囲む国々の例。かりにA国とC国がP国と連邦を組めば，国の数が減って帰納法が使える

=4色で塗り分けができることになる。だが残念ながら、四辺以下の国がない地図は、いくらでもあって、この証明は成り立たない。四色問題が問題になるのは、正にその場合なのである。

前記の定理は、つぎのようにして証明される。mヵ国以下の地図は、もちろんm色で塗り分けられる。そこでnヵ国の地図をとり、国の数がnよりも少ない地図はm色で塗れるとしよう。地図のうちm辺国Pをさがす。その周りにmヵ国A、B、……があるが、そのすべてが互いに接していることはない（もし、そうなら完全（m+1）点グラフが描ける）。たとえば、AとCとが直接接していないとする。暫定的にこの両国と中央のPの三ヵ国をまとめて一つの連邦にする（図2・4）。そうすると、国の数が2減るから、この地図は、m色で塗れる。そのあとで連邦を解消して、もとの三ヵ国に戻せば、AとCとが同じ色に塗られているから、国Pの周りは（m−1）色以下で塗られていて、なお一色余っている。それをPにわり当てればよい。これで帰納法による証明が完成した。

これで準備ができたので、以下ケンペの証明をみてゆこう。

四枝点の可約性

ケンペは、以上の予備考察に続いて不可避集合である三枝点、四枝点、五枝点がいずれも可約配置であることを証明しようとした。このうち、三枝点以下の場合は自明であるから、問題になるのは、まず四枝点である。以下のケンペの証明は、天才的といってよい着想である。

四枝点Pを無視して塗り分けをしたとしよう。色を0、1、2、3で代表させる。もしも、でき上がった塗り分けのうち、Pの隣りの四点、A、B、C、Dの相対する点に同じ色がついていれば、一色余ったものをPにつければよい。したがって、A、B、C、Dにすべて相異なる色がついたときが問題である。

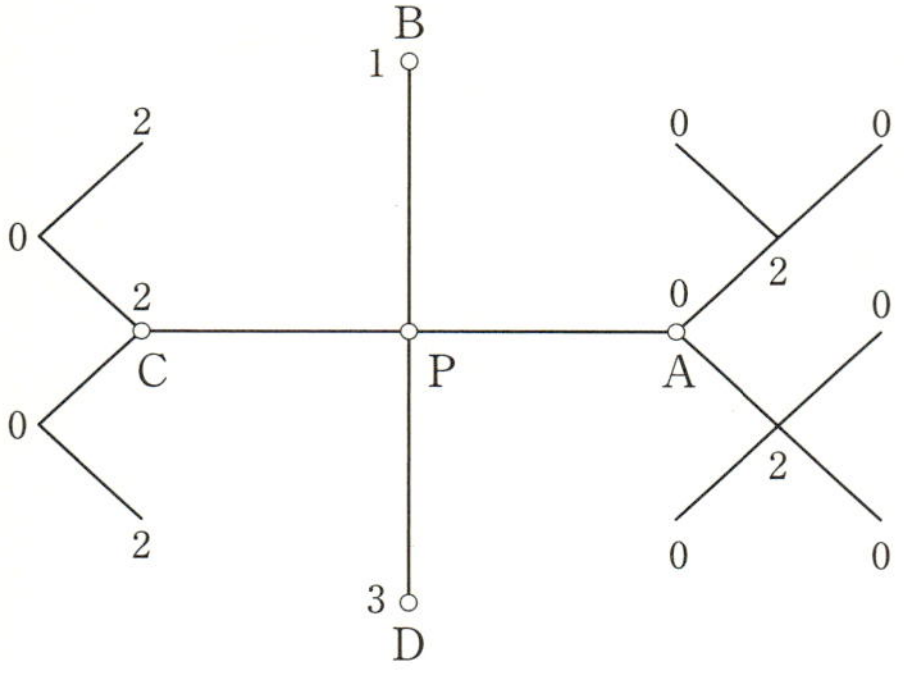

図2·5　ケンペ鎖

A、B、C、Dにつけられた色を順次0、1、2、3としてよい。そこで、一対の相対する点、たとえばAとCとに注目して、そこから出る0と2の色のついた点を全部たどる。このように、ある塗り分けにおいて特定の二色がつけられた点の列を、これも後の術語ではあるが、**ケンペ鎖**という。

AとCから出る二つの0、2のケンペ鎖が別々のときと、合するときとがある。まず別々のときを考える。このときには、そのどちらか一方（たとえば点の個数の少ない方）をとって、その0、2をすべて交換し、他はもとのままとした塗り分けを作っても、条件

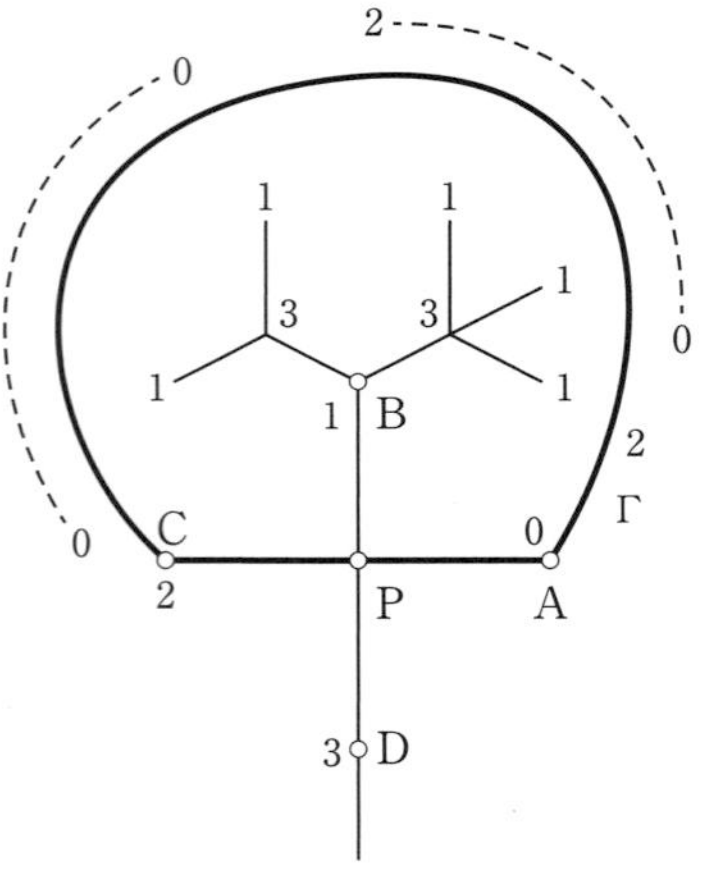

図2･6　閉曲線Γを作る

に違反しない。したがって、そのように修正すれば、0か2かどちらか一色が浮いて、それをPにわりあてることができる。たとえば、Aから出るケンペ鎖について0、2の交換をすれば、Aが2となり、0がPにわりあてられる。

次にAとCから出るケンペ鎖がつながったときには、いまの操作は、やってもむだである。しかし、それにPをつなぐと、枝分かれはあるが、とにかく平面上に一つの閉曲線Γ（ガンマ）ができる（図2・6）。ところが平面上の閉曲線Γは、必ず平面を二つの部分に分ける。この性質は、フランスの数学者ジョルダン（Camille Jordan; 1838～1922）が初めて自明の事実ではなく、証明すべき定理であると指摘して、その証明を試みたので、今日**ジョルダンの曲線定理**とよばれる定理である。ジョルダンの証明（一八八七年）はこれまで不完全で、最初の完全な証明はヴェブレン（一九〇五年）に負うとされていた。しかし現在では多少記述の不備があったにせよ、ジョルダンの証明は正しい（ただしヴェブレンの証明は簡潔）とされている。これらはケンペよりも後の時代ではあるが、結果は昔から当然のこととして使われてきていた。われわれも、これを正しい事実として使用することにする。

Γは平面を内と外に分けるが、点1と3とは、必ず一方がその内に、他方がその外にある。このことも厳密に証明するには順序の公理がいるが、頂点A、Cを相対するようにとったからそうなるはず、という論法で先へ進もう。そういう所にあまりこだわりすぎると、結局、平面のトポロジーを、公理から構成する話になってしまい、肝腎の四色問題の話ができなくなるからである。また現在ではそれは、完全に厳密にでき上がっているので、必要ならば参考書を参照してもらうことにして話を進めてよいと思う。

図2・7　C. ジョルダン(1838～1922)

さて、Γの内部に入るほう（たとえば、図2・6ではB）から出る1、3に対するケンペ鎖を考えると、これはΓの外には出られず、Dへはつながらない。したがって、このケンペ鎖の1、3を交換しても塗り分けの条件にかなう。これでBが3に変わって、1が浮くから、Pに1をわりあてればよい。

以上により、つねにPを含めて四色で塗り分けられることがわかった。

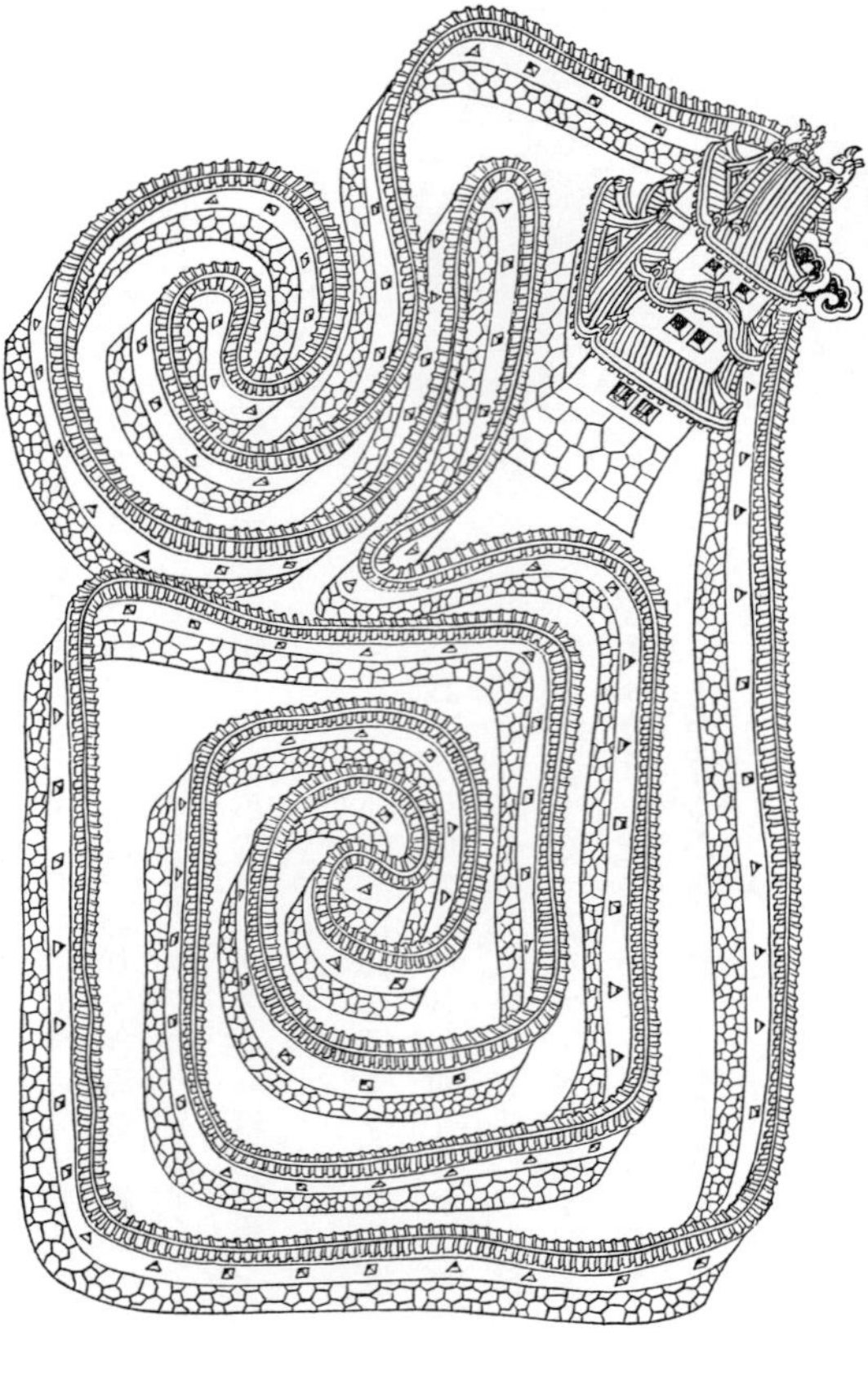

図2·8　ジョルダンの曲線定理の実例

五枝点の可約性の試み

ケンペは、同じような方法で五枝点の可約性を証明しようとした。いや、彼自身は証明しえたと思っていた。まずはだまってそのお手なみを拝見しよう。

五枝点Pを除いて四色で塗り分けたとき、Pのまわりの五点A、B、C、D、Eに三色しか使われていなければ、残りの一色をPにわりあてればよいから、四色がすべて使われているとする。このときは、必ず同じ色が二回使われるから、適当に名をつけかえれば、図2・9のような配色として、一般性を失わない。この記号で、点Bから出る色1、2に対するケンペ鎖を考える。これが点Dに達しなければ、1、2を交換することにより、1を浮かせてPにわりあてられる。

同様に点Bから出る色1、3に対するケンペ鎖が点Eに達しなければ、1、3を交換することにより、やはり1を浮かせてPにわりあてることができる。

残るのは、両方とも反対側に到達した、図2・11のような場合である。このときには、Cから出る色0、3のケンペ鎖とAから出る色0、2のケンペ鎖とが、それぞれ閉曲線の中に閉じこめられるから、両方ともそれぞれ色0、3、色0、2の交換ができる。そうすれば、図2・12のようにPの周りに0が消えるので、これをPにわりあてられる。

もっとも、Ｐの隣点のうち、同じ点が生ずる場合もある。隣点が三つなら自明であるから、四つとすると、図2・13のような形になるとして一般性を失わない。このとき、図2・14のようなグラフを考える。三角形ＣＤＥの三頂点は、別の色に塗らざるをえない。それを0、2、3とする。Ｂの色は1か2である。2ならば、1が浮いてＰにわりあてられる。1ならば、Ｂから始まる色1、2のケンペ鎖をとれば、これはＣＥ二点を結ぶ環に含まれて、Ｄに達しえないから、

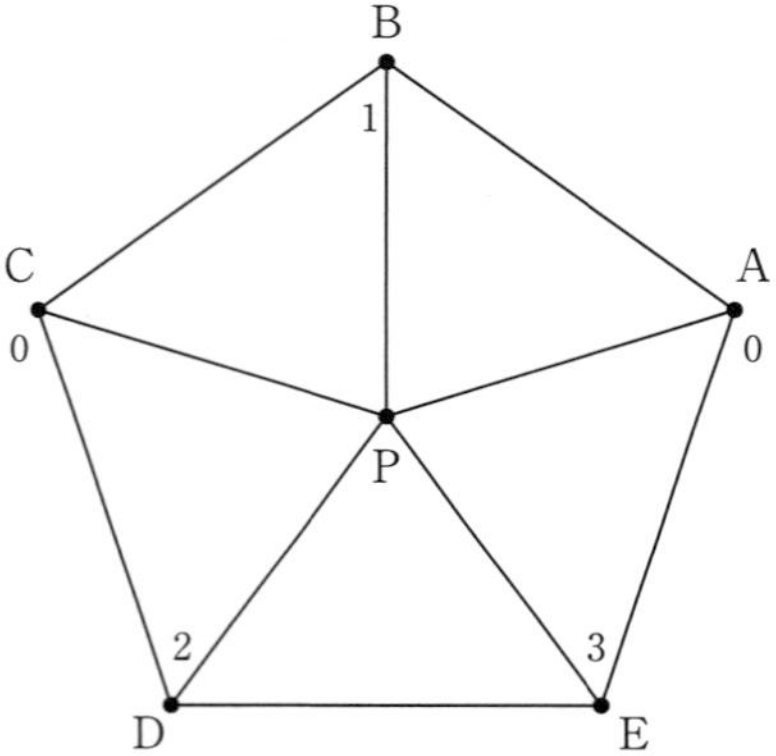

図2･9　Ｐのまわりの配色（五枝点）

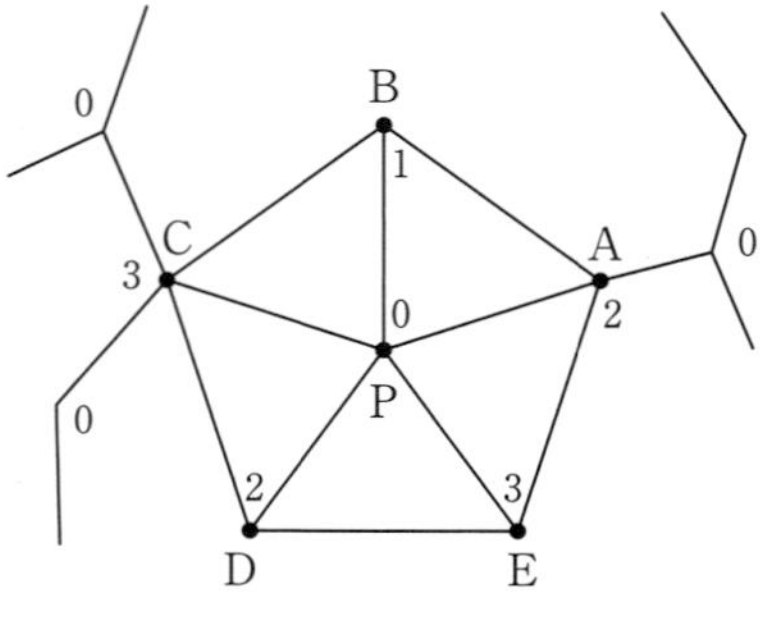

図2･10　色の交換

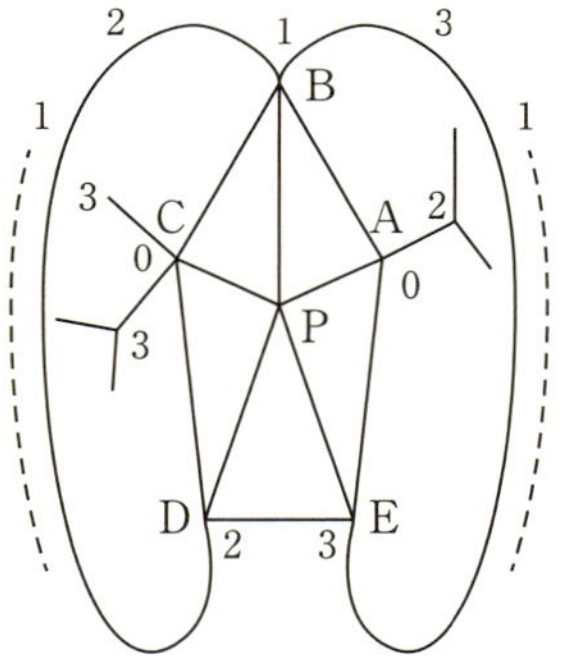

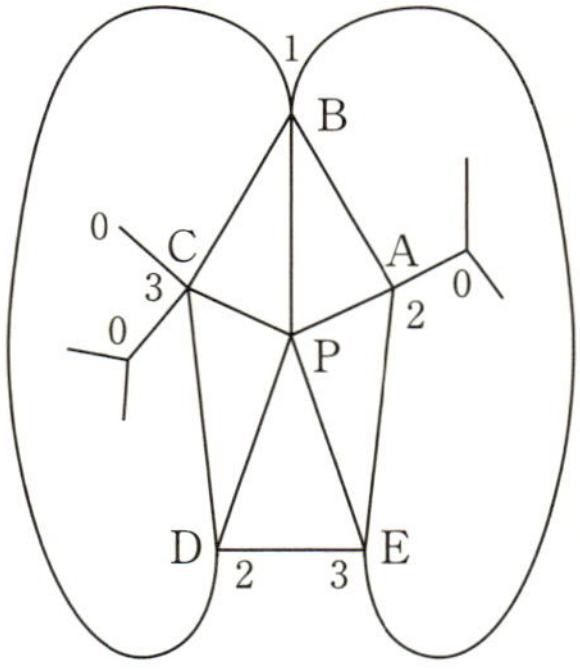

図2･11　反対側に到達した場合　図2･12　Pの周りの0が消える

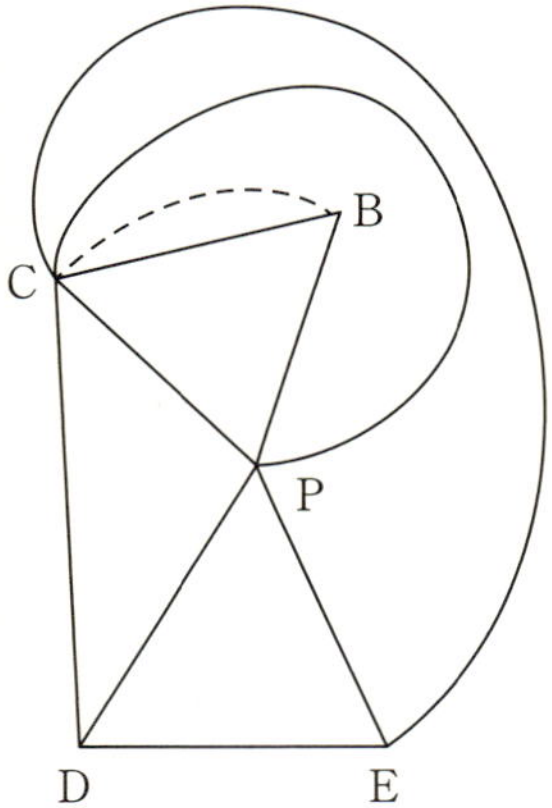

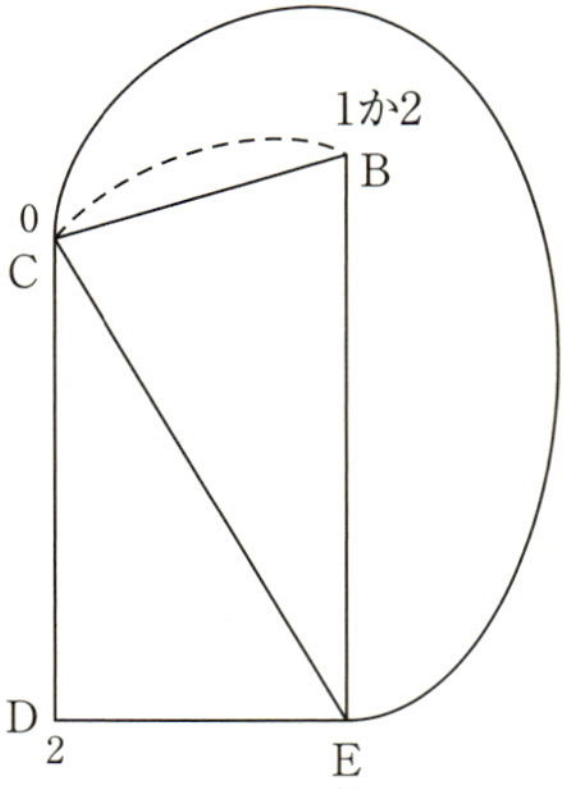

図2･13　Pの隣点が四つの場合　　図2･14　Bの色は1か2

1、2を交換することにより、Pに1をわりあてることができる。
これですべての場合が終わった。したがって、四色問題は解決した（?）。

ケンペの誤り

いままで述べてきたように、ケンペのこの証明は見事である。実際、四色問題を解決したと称する素人の方々の投稿の中には、数こそ少ないが、ケンペの証明とそっくりなものがあったのは事実である。

実のところ、「どこが誤りか」と聞くのは、重要なヒントになる。「知らぬが仏」でもなかろうが、ケンペが自信をもって発表したこの論文が、一〇年間信用されていたのは、無理もないと思われる。

その上、現在のわれわれは、これではあまりにも簡単すぎ、世界中の数学者（玄人も素人もこめて）が、何十年も未解決の難問として考え続けてきた以上は、この証明に何か誤りがあるのに違いない、と思うことができる。

歴史的には、四色問題はケイレイの再提唱後、ケンペによって、あっさり解決されたと信じられていた。さらにそのあとテイトの研究（次章参照）がでて、いっそう確信された。一八九〇年にヒーウッドが、その誤りを指摘して、問題はまたふり出しに戻り、初めて「難問」としてあらためて広く認識されるようになったのである。だから、四色問題が真に未解決の難問の座を勝ちえた（？）のは、ヒーウッドによる三度目の提唱以降である、というのが正しいかもしれない。

その誤りは、五枝点の取り扱い中の、前出の図2・11の場合である。その図自体のようにBから出る色1、2のケンペ鎖と、色1、3のケンペ鎖とが、別々にループを描いてそれぞれD、Eに到達しているのなら問題はない。ところが、この両者が別々でなく、途中で色1をつけられた別の点Qで交差していることが起こりうる（図2・15）。このような場合、運が悪い（？）と、Aから出る色1、2のケンペ鎖と、Cから出る色1、3のケンペ鎖とが接していて、その一方だけの色の交換ならできるが、両方とも交換すると、色1が隣り合うことが起こりうる。実際、図2・15の場合には、正に図の上の方の点M、Nで、そのような干渉が生じている。

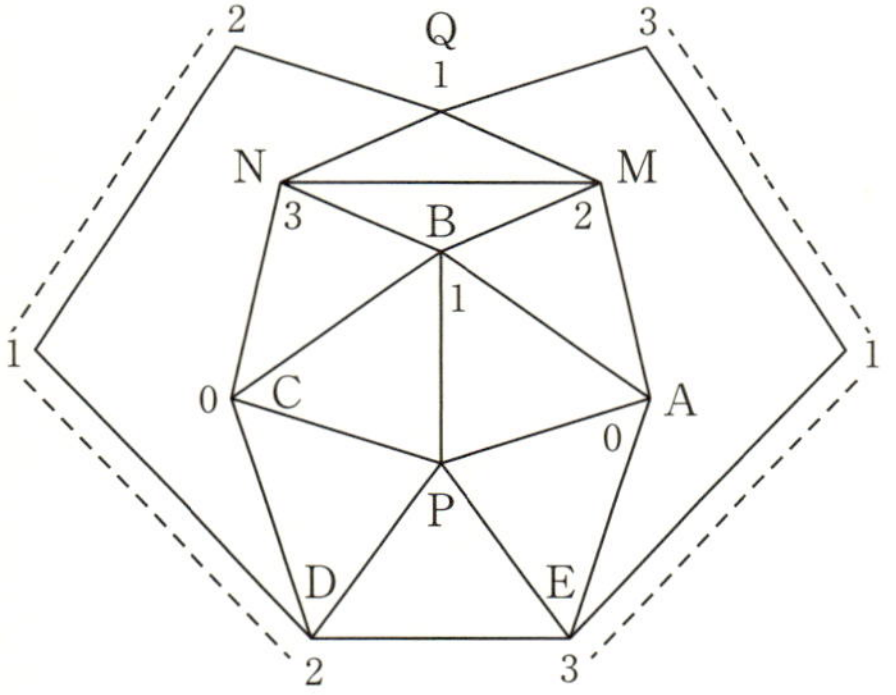

図2･15　五枝点の場合の問題点

もちろん、これは、図2・15が四色塗り分けできないというのではない。いっているのは、

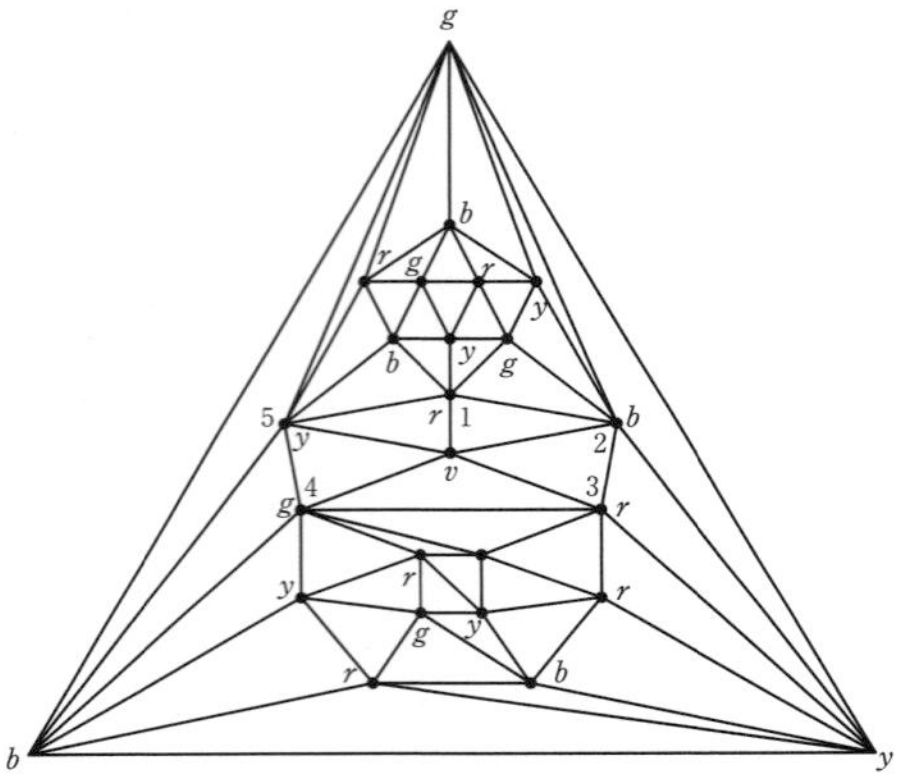

図2·16　ヒーウッドの反例

Pを除いてそのまわりをこのように配色すると、塗り損ないであって、四色で塗れることがうまく証明できない、というだけのことである。この図の場合には、それに応じた手直しが可能である。しかし、証明のためには、いつでもそういう手直しが可能、という保証が必要であって、それは簡単な議論ではすみそうもない。実際、ヒーウッドは、図2・16の地図（双対グラフ）は、ケンペの証明では四色塗り分けの可能性がいえないことを示した。図のy、b、r、gは塗り損ないである。この図の直接四色塗り分けは、一つの演習問題である。

これをどう修正すればよいのか？　それこそ、解決までの百年近くにわたる四色問題の研究そのもののの主流であった。

五色による塗り分け

ヒーウッドは、さらに五色許せば塗り分けが可能であり、そのことは、ケンペの証明で正しくできることを注意した。この事実はすでに証明したが、ケンペ流にもう一度述べておく。五色許せば、四枝点までは自明な可約配置になるから、問題になるのは五枝点Pのみであり、その周りの点がすべて相異なる五色に塗られたときのみが問題である（図2・17）。A、B、C、D、Eの色を順次0、1、2、3、4とする。Aから出る0、2のケンペ鎖とCから出る0、2のケンペ鎖を考える。

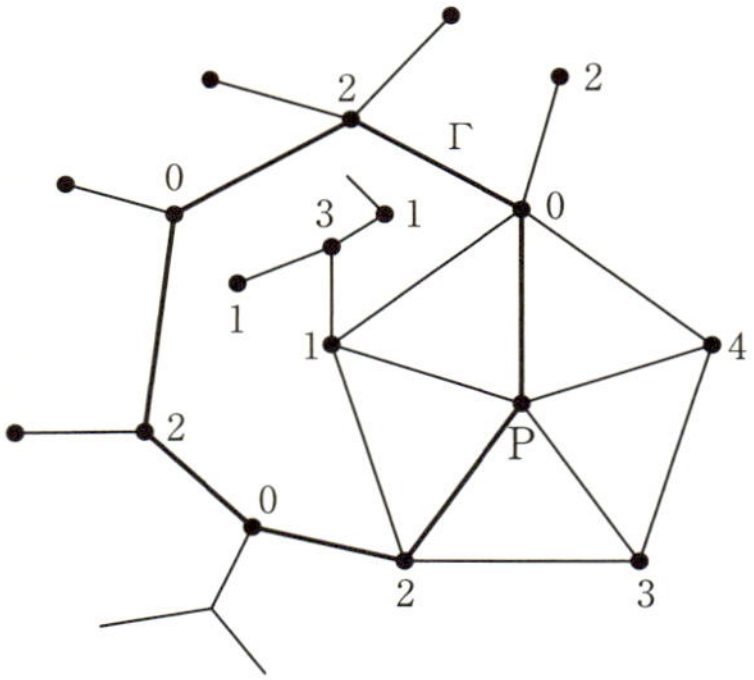

図2・17　五色塗り分けのケンペ鎖

それらが交わらなければ、どちらか一方の色を交換して、Pのための一色を浮かせばよい。交わればPを含めて閉曲線Γができ、Bから出る1、3（または1、4）のケンペ鎖は、Γを越えられないために、D（またはE）に達しえないので、その色を交換して1を浮かして、Pにわりあてればよい。この操作は四枝点の場合とまったく同じである。

　このように同一の色の対によるケンペ鎖は、問題ない。しかし前のケンペの五枝点の場合のように、色の組み合わせの違う二組のケンペ鎖を同時に考えたときには、複雑なからまり合いが生じて、相互に干渉しあい、さきのような不完全な場合が生ずるのである。

ケンペの誤りの修正の試み

以後の四色問題の研究の主流は、このケンペの誤りを何とか正しく修正しようという方向である。時代的には、次の二つの章よりも後になるが、話の続きとして、ここでもう少し解説する。その修正には、さらに大別して二つのゆき方があった。直接に五枝点の可約性を正しく証明しようという試みと、間接に他の不可避集合を求める方向とである。

前者は結局失敗した。いくつかの場合に有用な算法は見つかったが、いつでもそれではすまない場合が生じたのである。もちろん、それは反例ではなかった。すべての例は、全体としてうまくやれば四色で塗り分けられたのだが、一つの五枝点Pを除いて、残りを四色に塗り分けて、Pにのばそうとすると、うまくゆかない場合が生ずる、というのである。実は今日からみると、「五枝点が可約である」という命題自体が正しくないらしい。少なくとも特定の可約性に限れば、そうでないことが証明されている（第六章参照）。

そこで、おのずから、研究方向は後者に向かった。五枝点単独でだめなら、その隣り、ないしは「向こう三軒両隣り」の点をつけ加えた配置を、順次研究しようという方向である。この方向でいくつかの不可避集合は見つかったが（次項参照）、可約なものの最初の発見は、第五章で述べる四個の五枝点からなる「バーコフのダイヤモンド」(図5・9)であった。これは、ハーケンの最終解決の表で第一番目におかれている可約配置でもあり、新しい突破口になったという意味でも、正に「ダイヤモンド」であった。

放電法の実例

ここで少しく時代がとぶが、ヘーシュの放電法を解説しておく。これは本章の初めの基本公式を具体的に活用する便利な技法である。

平面グラフのn枝点に、それぞれ$(6-n)$の電荷をおく。ただし、$n<6$なら、正電荷とし、$n>6$なら、$n-6$だけの負電荷とする。ヘーシュは、分数を避けるために、この六〇倍の量としたが、それは計算の便宜上にすぎない。基本公式はこのとき、全部の電荷を合わせる(正負等量の電荷を中和して消す)と、$+12$だけの正電荷が残るということである。

放電法とは、適当に正負の等量電荷を中和させる(放電)技法である。その使い方として、ある種のグラフの不存在を示すとしよう。そういうグラフがあるとして、それに電荷を与え、うまく放電させると、正電荷が全部消えてしまい、総量が正だというのに矛盾する、という論法である。あるいは放電をさせたとき、正電荷が残る形が平面グラフには必ず含まれ、したがって不可避集合である、といってもよい。

この応用例として、まず一九〇四年に発表されたドイツのウェルニケの結果を示そう。その論文は、P. Wernicke, Über den kartographischen Vierfarbensatz, Mathematische Annalen 58巻, 1904年, pp. 413〜426 であり、五枝点の隣りに必ず五枝点、または六枝点があることを証明したものである（図2・18）。以下この種の図では、太線の部分が不可避集合を表す。

放電法によってこの結果を証明するのはやさしい。まず四枝以下の点がないとしてよい。五枝点の正電荷を五分の一ずつ隣点にうつして、負電荷があったら、中和させよう。正電荷が残るのはどういうときか?

隣りに五枝点、または六枝点があれば、もちろん正電荷が残る。七枝点で正電荷がたまりすぎる（これを**過充電**という）ためには、その周に六個、またはそれより多くの五枝点がいる。そのときには、もちろん隣り合う五枝点が生ずる。八枝以上の点では、たとえその周すべてが五枝点でも正電荷は消えてしまう。n枝点（n≧8）での負電荷の絶対値が、n－6 である。まわりすべてが五枝点としても、もらう正電荷の総量は n/5 であるが、不等式の変形、

$$n-6>n/5 \longleftrightarrow 4n/5>6 \longleftrightarrow n>7.5$$

からわかるとおり、nが8以上なら、左辺のほうが大きく、負電荷が残る。結局、全体として正電荷が残るためには、五枝点の隣りに別の五枝点か六枝点がなければならない。

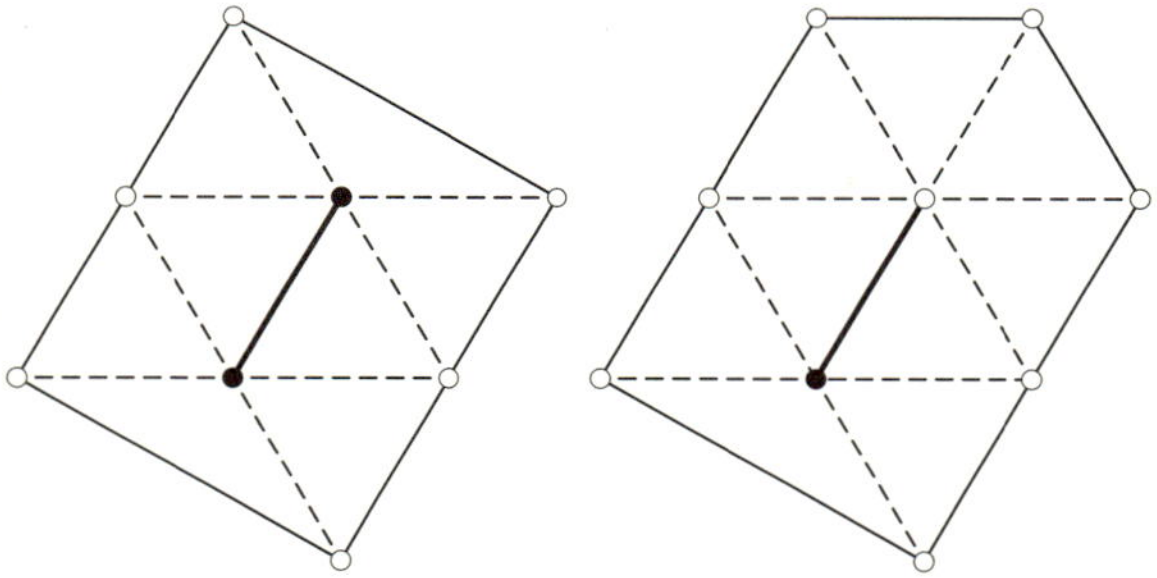

図2・18　ウェルニケの不可避集合（双対グラフ）
——『(日経) サイエンス』1977年12月号より——

第五章でまた解説するが、一九二二年に、フランクリンは、ウェルニケの結果を精密化し、後者の（五枝点の隣りに六枝点がある）場合には、六枝点が二個ある（図2・19）ことを示した。ただし、その二点は隣り合って、図2・20の右のようになることもある。一九四〇年に、ルベーグはこれを精密化し、六枝点が離れていれば、間に必ず七枝点があって、図2・19の右のようになることを示した。これらの証明は、彼らはいずれもそうはいっていないが、実質的に放電法と同じ方法によっている。

ずっと後になるが、一九七〇年代の初め、ハーケンが四色問題の研究に着手したとき、たぶん、とっくに誰かが出しているだろう、と注意しながら、不可避集合としては四枝以下の点、相隣る五枝点、および五、六、六枝点の三角形

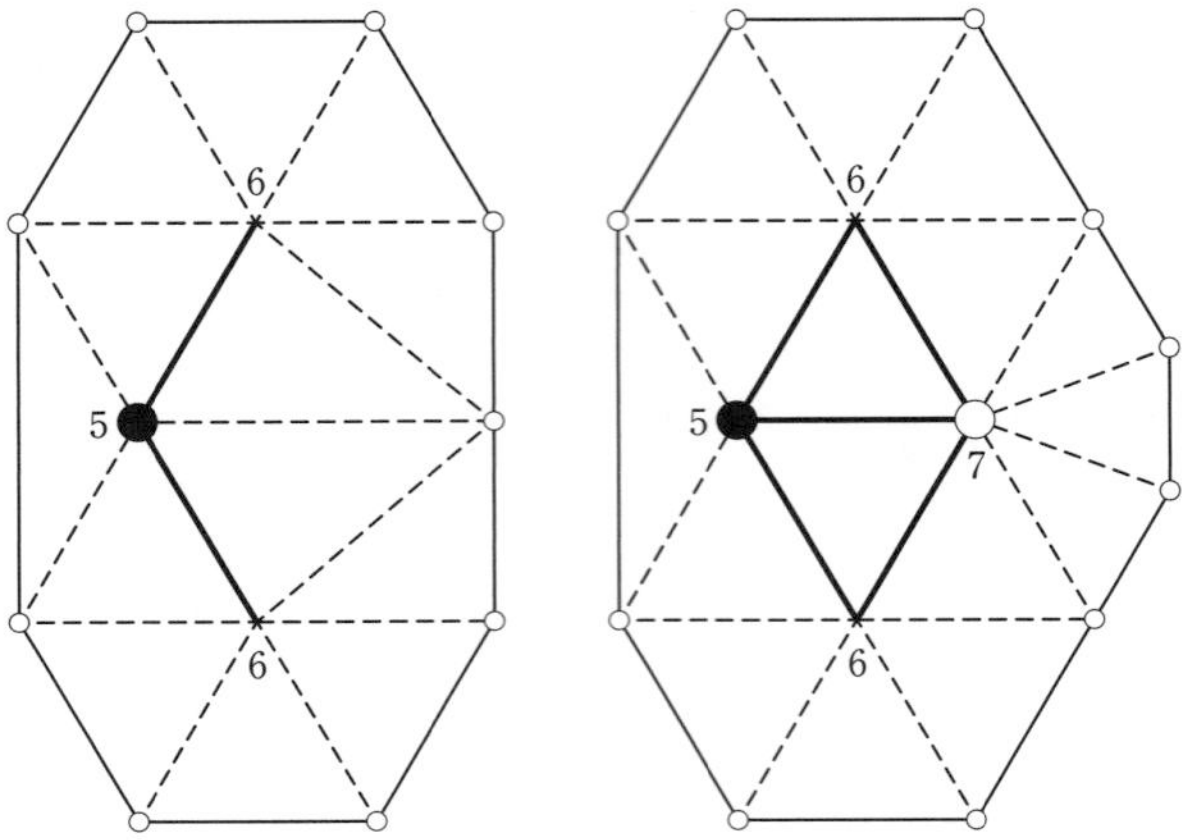

図2・19　フランクリンの配置(左)とルベーグの配置(右)

(図2・20) のみで十分であることを示した。ただし、後二者は不可避集合だが、可約配置ではない。とくに前者は「懸案の対」(ハンギング・ペア) とよばれ、四色問題解決の難関の一つであった。

この結果も放電法で鮮やかに証明される。四枝以下の点と、図2・20のグラフをまったく含まないグラフがあったとしよう。そういうグラフでは、五枝点の隣りには五枝点はなく、六枝点も二個しかありえない。三個あれば、相隣る二個の六枝点があって、三角形になるからである。したがって、その隣りに七枝以上の点が、三つ以上ある。一方、2m または 2m+1 枝点の隣りに、m個より多く五枝点はありえない。あれば必ず相隣る五枝点の対ができるからである。

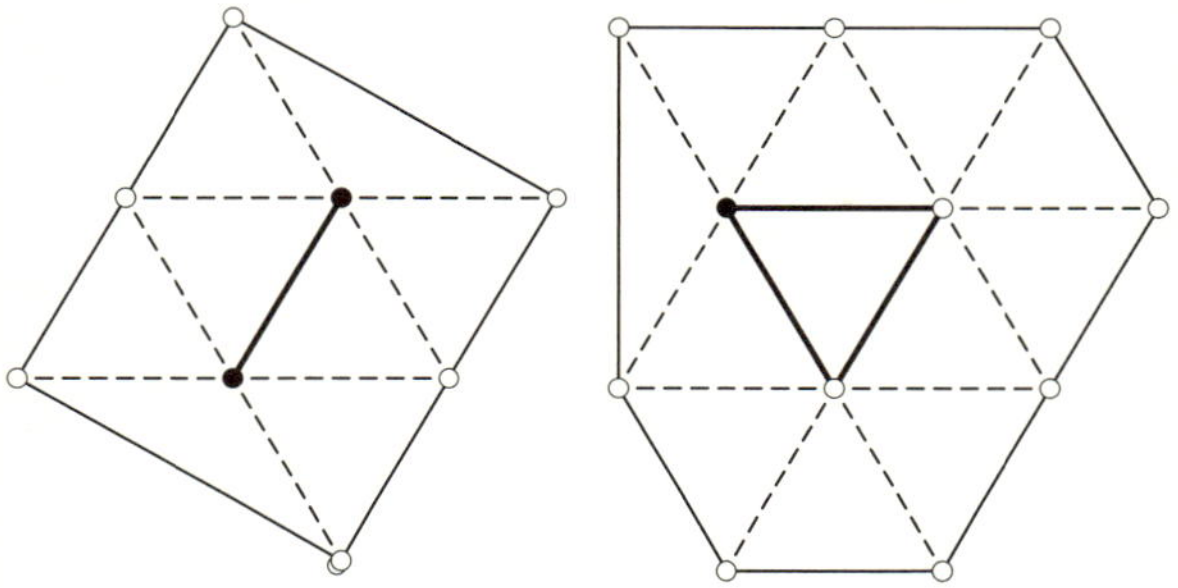

図2・20　ハーケンの不可避集合。右は五，六，六枝点の三角形
──『(日経) サイエンス』1977年12月号より──

そこで今度は、五枝点の正電荷を三等分し、三分の一ずつその隣りにある七枝以上の三点の負電荷と中和させる。これによって、五枝点の正電荷はすべて消えるが、七枝点以上の点は、負電荷が残るか、またはちょうど消えるかになる。実際七枝点の隣りに、ちょうど三個五枝点があるときにのみ電荷が中和され、それ以外の場合には、つねに負電荷が残る。こうして正電荷が完全に消えてしまったから、これは矛盾である。つまり、そういう平面グラフはありえず、図2・20の図形（または四枝以下の点）が必ず含まれている。

放電法の発案者ヘーシュは、この方式により、多くの不可避集合を発見した（第六章参照）。そのうち初期に得た不可避集合の一つは、実質的には五枝点の正電荷を二分の一ずつ隣点にうつして、中和させることにより得られたものである。

ところで、ふりかえってみると、放電法は基本公式を活用するための具体的技法にすぎない。結局、そこで使われている数学の定理は、「オイラーの定理」と「ジョルダンの曲線定理」という、平面のトポロジーの最も基本的な定理だけであった。平面のトポロジーは、これで特徴づけられるのだから、それ以外に奇想天外な着想がないのは当然かもしれないが、結局、四色問題の研究とは、素朴な道具だけで怪物にたち向かう苦心談であったといえるかもしれない。

このあとの研究の歴史は、第五章に続くのであるが、その前にまったく別の方法によるテイトの研究と、曲面上の地図の塗り分けを研究したヒーウッドの研究とを解説しておく。この二つの章はとばしても、以後の章を読むのに、ほとんど影響しないつもりである。

第三章　テイトの研究

――華麗なる変身

四色ドレス

テイトの研究の意義

ケンペの論文がでた翌年、エジンバラ大学の理論物理学の教授であったテイト（P. G. Tait; 1831～1901）が、ケンペとはまったく違う方式による四色問題の研究論文を発表した（Remark on the Colouring of Maps, Proc. Royal Soc. Edinburgh 10巻, 1880年, p. 729）。

彼自身は、証明に成功したと信じていたらしいが、現在では、彼の成果は四色問題を見掛け上、まったく別の同値な問題に変形したのにすぎないと判定されている。**同値**というのは、四色問題が正しければ、その問題も正しいし、逆にその問題が正しければ、四色問題も正しい、という関係にある問題である。

ここで一言ことわっておくと、テイトという名の学者は大勢いて、よく混同されている。筆者も最初別人と混同していた。このテイトは（少なくとも数学者の間では）、物理学者としてよりも、数多くの数学パズルの研究者として知られており、彼の名を冠するパズルもいくつかある。彼は少なくとも四色問題を、もっとやさしい問題に還元したつもりであったらしい。現在でも、そういう同値な変身のどれかが、その形でエレガントに証明される可能性がないわけではない。そして、また与えられた地図を実際に四色で塗り分けたり、本質的な塗り分け方の個数を求めたりするには、ケンペのような帰納法によるよりも、テイトの方法を直接に適用するのが有用である。後述の山辺英彦の試みも、テイトの方法によって、与えられた地図の四色塗り分けの数を求める計算機用のプログラムを作ったものである。

そのような意味で、四色問題の研究史をふりかえってみると、多少脇道ではあるが、これを解説しておく価値があるものと思う。

四色問題の変身(1)

前にも述べたように、地図の塗り分けには、各頂点に三ヵ国より多くの国が会しない地図のみを考えれば十分である。双対グラフをとらずに、もとの地図のままで国境線を考えれば、これは平面上に余分の交点なしに描ける点と線からなるグラフで、しかも各頂点に必ず三本の線が会するものである。これを**平面三枝グラフ**という。「三枝」のかわりに「三価」とか Cubic (三次的) という語も使われるが、日本のわれわれは、後者は立方体を連想して、かえって誤解しそうである。

図3·1　P. G. テイト（1831～1901）

テイトの最初の成果は、四色問題を次の問題に変身させたことであった。

「平面三枝グラフの各辺を三色で塗り分け、どの頂点にも三色の辺が一つずつ相会するようにできる」

このような三色塗り分けを、本書においては、以後**テイト塗り分け**とよぼう。


これが四色問題と同値なことは、次のようにしてわかる。もしも四色問題が正しければ、平面三枝グラフを国境とする地図は四色で塗り分けられる。その色を0、1、2、3という記号で表そう。各辺は二つの国の国境である。その両側の国の色に対して、次ページの表のような演算で得られる値をその枝の色とする。両側の国の色は必ず違っているから、0がつくことはない。そして頂点に会する三ヵ国の色もすべて相異なるから、三本の辺の色（数値）もすべて相異なる（図3・3）。図では面の色は区別するために○で囲った。

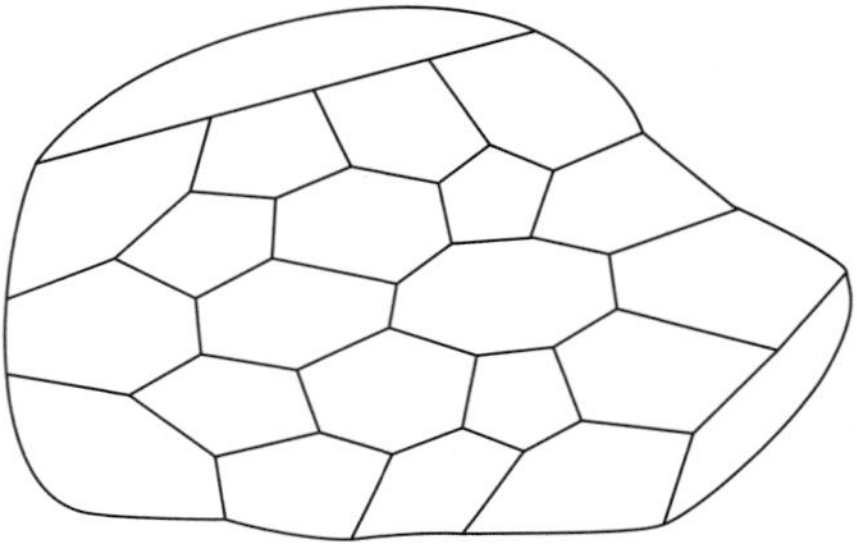

図3·2　三枝グラフ

逆に平面三枝グラフが、テイト塗り分けされれば、与えられた地図の国境線のなす平面三枝グラフをテイト塗り分けして、その色を、1、2、3で表す。どこか一つの国を色0に塗り、その

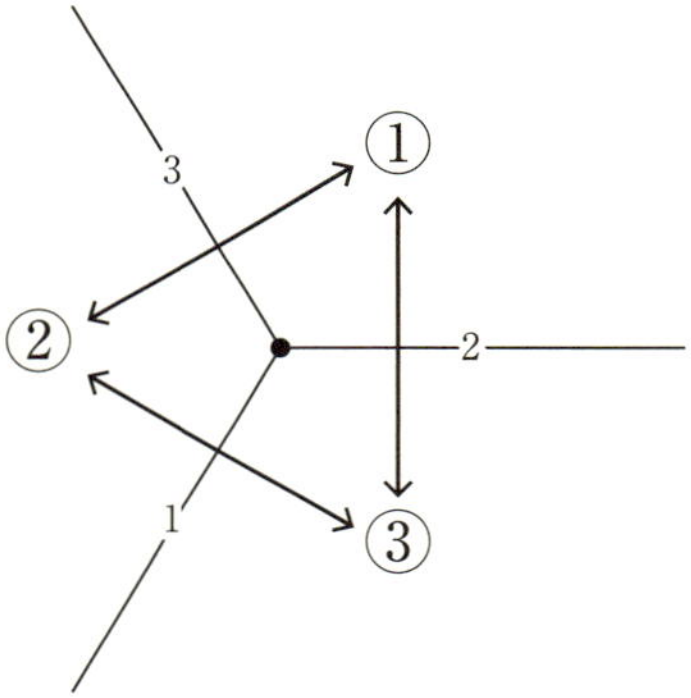

図3·3　平面三枝グラフを国境とする四色塗り分け

	0	1	2	3
0	0	1	2	3
1	1	0	3	2
2	2	3	0	1
3	3	2	1	0

色の演算

0	00
1	01
2	10
3	11

二進表現

隣国をもとの国の色（0）と国境線の色との前の表による演算で定める。この操作をくりかえしてゆくとき、必ず隣り合う国は相異なる色となるが、さらに頂点に会する三本の枝の色が違うために、同一の国に与えるべき色が二通り以上になるような矛盾は、けっして生じないことが証明される。これによって地図全体が、0、1、2、3の四色で塗り分けられる。

　上記の表の演算は、0〜3の数の和、または差であるが、数学的にいえば、0〜3の整数を二進法で二桁の数として表現し、各桁ごとに桁上げせずに加える、すなわち0、1で表されたとき、両者が同じなら0、違えば1として計算した、いわゆる**二進和**にほかならない。意外なところに二進法が、ひょっこり顔を出した感じである。また、この面から考えると、四色で塗り分けられるというのは、好都合な結果といえそうである。

もっともテイトは、変身させた問題——平面三枝グラフはテイト塗り分け可能——の証明をしなかった。実をいうと、次に述べるように、その命題自体に、ただし書きが必要なことをも見落としていた。彼が述べているのは、変形して拡張した一つの命題（テイトの予想）と、それがもっともらしいことを示す例だったが、その予想自体は、正しくなかった。

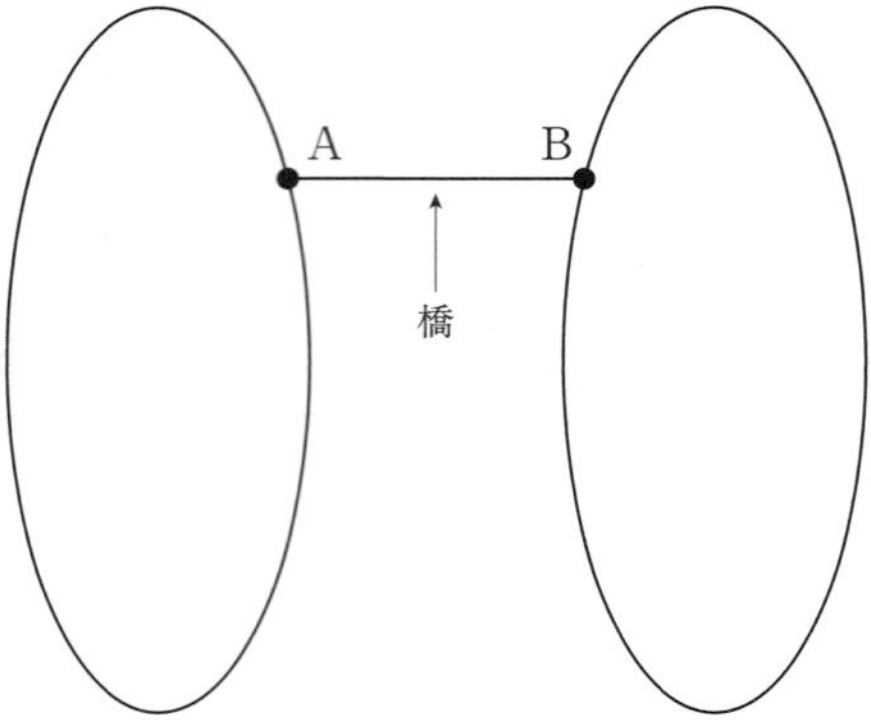

図3·4　橋のあるグラフ

NUT

前項の議論には、少しく不十分なところがある。かってな平面三枝グラフは、必ずしもテイト塗り分けはできないのである。

その反例は、図3・4のように橋のあるグラフである。**橋**とは、それを除くと、グラフが不連結になってしまう枝のことである。図3・4の三枝グラフは、テイト塗り分けができない。頂点A、Bに会するそれぞれ二本の枝は、いずれもじつは同一の辺だから、同じ色にならざるをえないからである。

しかし、これは四色問題の否定にはならない。図3・4のグラフを地図の国境と考えると、橋ABの両側は、同一の国であって、これは見掛け上の国境線にすぎない。その両側は同一の国だから、違う色に塗ることはできないので、前項の議論がなりたたなくなる。

端的にいえば、地図の国境として作られる平面三枝グラフには橋はないのである。したがって、三枝グラフというときには、「橋がない」という条件を追加しなければならない。ふつうには、この条件を「自明でない」という。

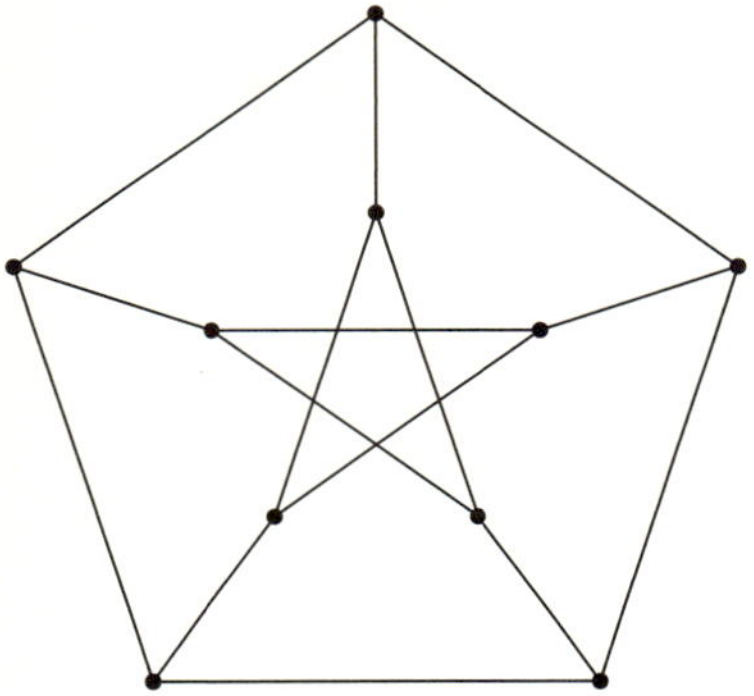

図3·5　ペテルセン・グラフ

正式の術語ではないが、「自明でないテイト塗り分けのできない三枝グラフ」(Nontrivial Uncolorable Trivalency Graph)という長い名の略字として、その頭文字をとってNUTということがある。これは文字どおり、クルミのように固い(むずかしい)、埋もれていて発見がむずかしい、あるいはnutty(くびったけ)といった意味にもかけた、うまい洒落(しゃれ)である。四色問題のテイトによる変身は、一言にしていえば、「平面グラフにNUTはない」と表現できるわけである。

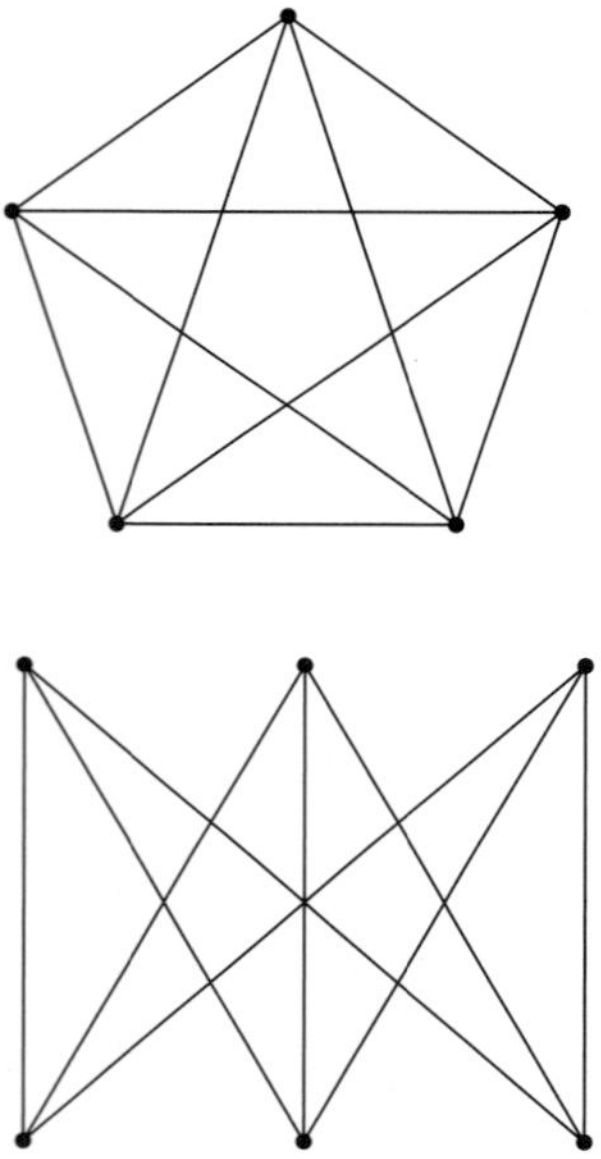

図3・6　完全五点グラフ（上）と三点ずつの完全偶グラフ（下）

もちろん、平面グラフに限らなければ、NUTはある。その最も簡単なものは、図3・5に示した**ペテルセン・グラフ**とよばれるものである。これには他の表現法もあるが、正十二面体の中心に対して、相対する頂点と辺とを同一視して得られる（したがって、次章で述べるように、射影平面上に表現される）。この名はこれを初めて（一八九八年）研究したデンマークの学者（J. Petersen）の名にちなんだものである。

これが最も簡単だ、というのは、これより頂点数の少ないNUTは、存在しないことが証明されているからである。その証明は少しむずかしい。しかし、ペテルセン・グラフ自身が、NUTである（テイト塗り分けができない）ことは、直接にためして証明できるので、読者諸氏への演習問題としておこう。

ところで、グラフ理論のうちに、「平面グラフとして表現できないグラフは、必ず完全五点グラフか、三点ずつの完全偶グラフ（図3・6）を含む」という「クラトフスキー（Kuratowski）の定理」とよばれる大定理がある。後者は三軒の家に電気・ガス・水道を配管すれば、必ず見掛け上の交わりを生ずるという意味で、「効用グラフ」ともよばれる。この大定理の類比として、「任意のNUTは、必ずペテルセン・グラフを含むだろう」という予想がある。もし、この予想が本当ならば、前記のテイトによる変身も正しく、四色問題も肯定的に解決されることになる。

ところで、「問題が解けなかったら、一般化せよ」というのは、ポリア（G. Pólya）の数学研究に関するいささか皮肉な原則である。もしも、前記の予想が簡単に証明できるならば、四色問題という難問を一般化して解決したという意味で、正にこの原則の典型例になるであろう。しかし、この場合にはまず、果たしてこの予想自体が正しいであろうか、という疑問が残る。また仮に正しいとしても、たぶん、その証明は四色問題の証明自体以上にむずかしく、このような一般化による解決は絶望的であろうという気がする。

実際、このような「拡張して証明する」ことは、やまがはずれるとひどいことになる。テイトは同じ論文中に、変形して拡張した一つの命題を述べた。ある種の三枝グラフにハミルトン回路（各頂点を一度ずつ通る閉路）があるというものである。この「テイトの予想」が正しければ、四色問題が「拡張して証明」できることになり、一時、世界の数学者の注目をひいた。しかし、結局、テイトの予想自体は正しくないことが一九四六年に証明され、さらに一九七二年に簡単な

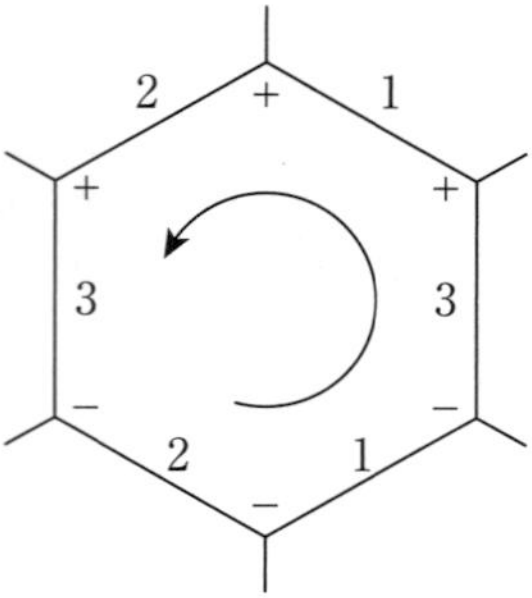

図3·7　反時計まわりに一周する

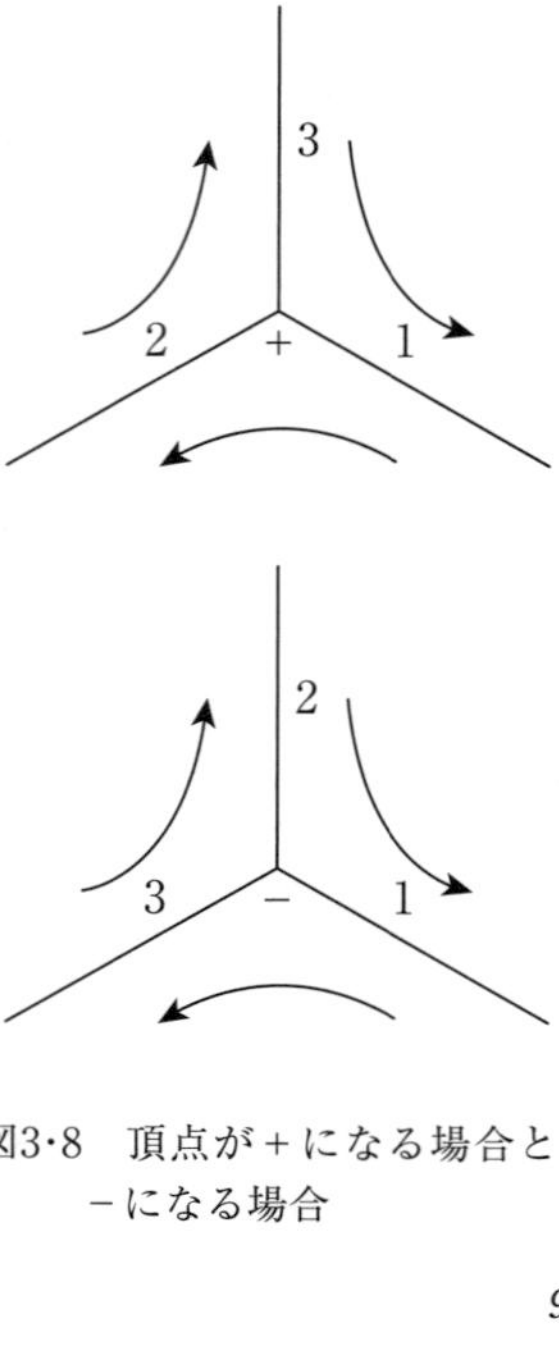

図3·8　頂点が+になる場合と−になる場合

証明がされて、この夢はつぶれてしまったという生々しい実例さえある。

四色問題の変身(2)

ひき続き橋のない平面三枝グラフを考える。それがテイト塗り分けされれば、各頂点には、必ず1、2、3で表現される三本の枝が会する。上から見て、その順は時計まわりか、反時計まわりかのどちらかである。それが時計まわりのとき、その頂点に+、反時計まわりのときその頂点に−の記号をつけよう（+、−は逆でもよいが、仮にこう定める）。そうすると、すべての頂点に＋か－かの記号がつく。この＋、－のつけ方から、次のことがわかる。1、2、3に対して、この順序に、ちょうど、じゃんけんのような巡回的に大小の順序をつける（すなわち、1<2, 2<3, 3<1）と、ある国の周辺に沿って反時計まわりに一周するとき、辺の番号がこの意味で増える（1から2、2から3、3から1）ような頂点は＋となり、その逆なら－となる（図3・8）。そこで一周しながら頂点が＋のときは1加え、－のときは1引くと、最初の枝に戻るときに枝の番号は初めと同じだから、頂点を通るときの増減の総変化量は、必ず3の倍数（0をも含

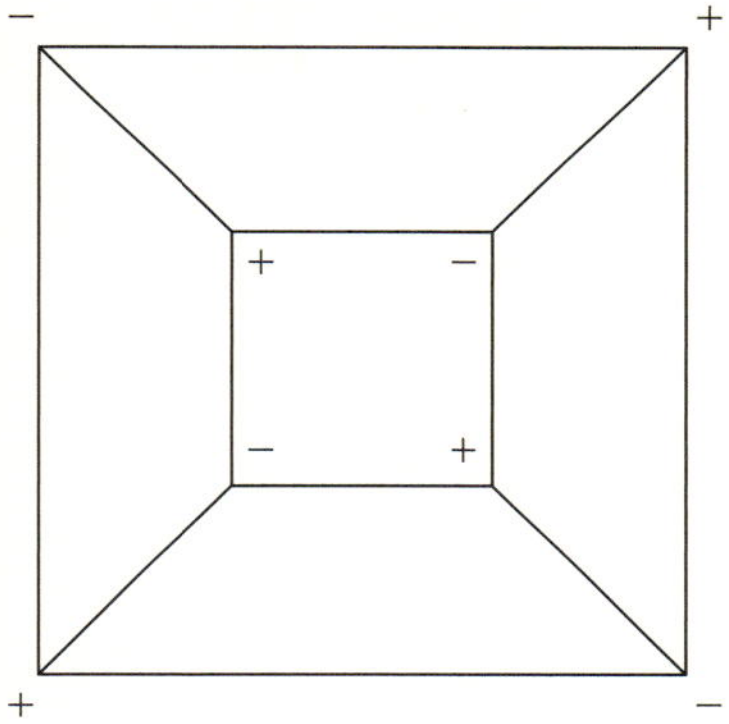

図3･9　立方体の周を平面に表現したグラフ

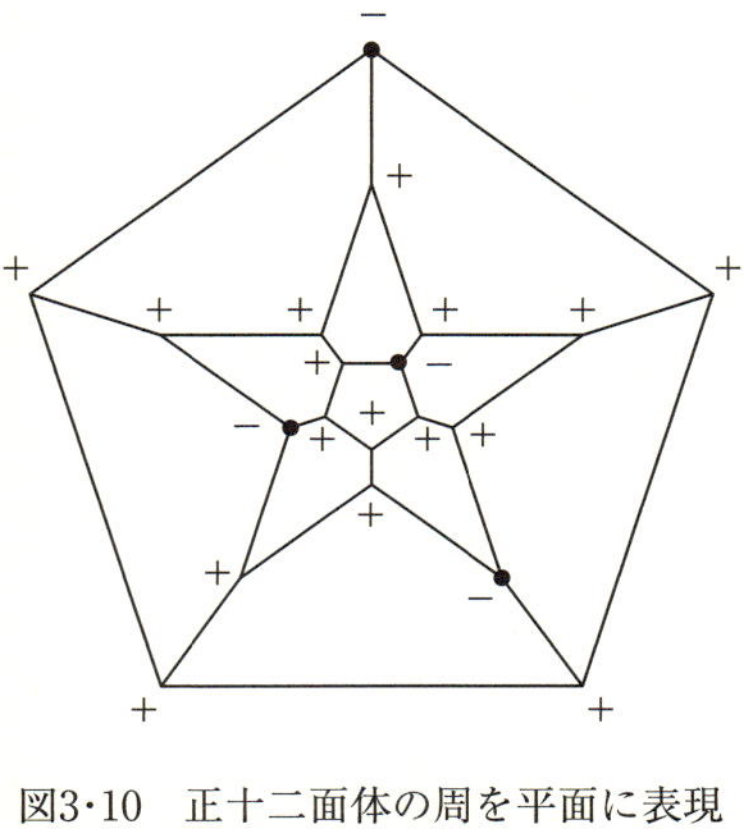

図3･10　正十二面体の周を平面に表現したグラフ

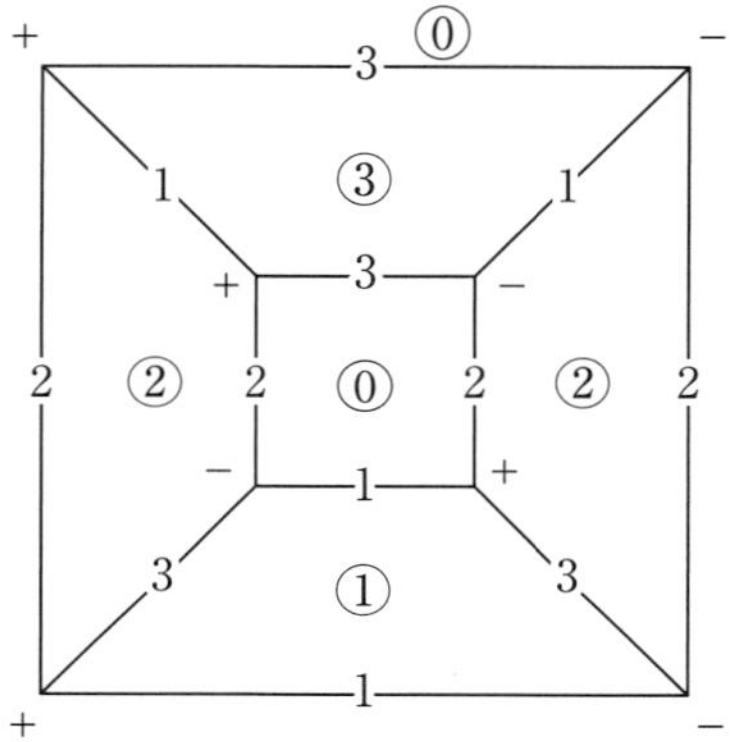

図3・11　頂点の符号づけと面の塗り分け

む）となる。

　逆に各頂点に＋か－かの記号をつけ、各国についてその周を一周するとき、頂点の＋の数と－の数の差がすべて3の倍数（0も含む）となるようにできるならば、その三枝グラフはテイト塗り分けが可能である。それにはどれか一つの辺をたとえば1とし、それを一辺とする国の周を反時計向きにまわりつつ、＋の頂点にくれば、1→2→3→1の順に、－の頂点にくれば、その逆の順に次の枝の番号を変更すればよい。3の倍数という仮定から、一周したとき、前と同じ番号に戻って矛盾は生じない。これを順次、各国の周について拡張してゆけばよい。

　したがって、四色問題は次の命題と同値になる。

「橋のない平面三枝グラフの各頂点に＋か－かの記号をつけ、各国の周に沿う頂点の＋の数と－の数との差がつねに3の倍数（0を含む）になるようにすることができる」

　たとえば、立方体の周を平面に表現したグラフ（図3・9）では、互い違いに＋、－をつければよい。また、正十二面体の周を平面に表現したグラフ（図3・10）では、四頂点を－に、他をすべて＋とすればよい。この四頂点は、もとの正十二面体に戻すと、ちょうど正四面体の四頂点をなすような組で、互いに三辺を隔てているようなものである。これをもとに戻したとき、地図のどのような四色塗り分けになるかは、読者諸氏への演習問題としておこう。図3・9と別の符号づけによる一例を図3・11にあげる。なお、他の三種の正多面体は（必ずしも三枝グラフではないが）、各面がすべて三角形だから、全頂点を＋とすればよい。

もっとも、立方体の場合では、図3・9の方法のほうが、面の塗り分けは三色ですむ（対面を同じ色に塗る）ので、うまい塗り分けだといえる。

他の変身

ここで－の記号のついた頂点のまわりに小さい三角形の国を新設したとしよう。もとの面がn角形であり、＋、－の記号のついた頂点の個数がそれぞれp、qとすると、

n＝p＋q，p－q が3の倍数

となる。新しくq個の頂点が倍に増え、全体として n＋q 角形になるが、

$$n+q=p+2q=(p-q)+3q$$

となることからわかるように、これは3の倍数である。任意の多面体は、三枝でない頂点があれば、そこを適当に小さく切り落とすと三枝の多面体になり、その角を小さく切れば、すべての面が3の倍数角形になる。すなわち、

「任意の凸多面体は、頂点の近くを小さく切り落とすことを有限回くり返すと、すべての面が3の倍数角形になるようにすることができる」

という命題をうる。逆にこれが正しければ、三枝の多面体で、切り落とした頂点に−、他に+をつければ、前の条件にあう+、−の符号づけになる。結局、前述の一見初等幾何学風の定理が、実は四色問題という怪物の一つの変身なのである。

このような思いがけない形の四色問題の「変身」は他にもまだたくさん知られている。そのうちでもハドウィガー（H. Hadwiger）の予想とよばれる命題は、とくに有名なものである。このような変身した命題をよく検討すると、四色問題は「じつにきわどい箇所にある」問題という感じが深い。これはきわめて主観的な感じだから、反対意見の持ち主も多いと思う。しかし、筆者がここでいいたいのは、四色問題が正しいとなっても、誤りであったとなっても、どちらもいかにもありそうな、あるいはあってもおかしくない結論だ、という印象を受けたということであ

る。

四色問題のこの他多くの「華麗なる変身」について興味ある方は、次のサーティの論文を読むとよい。ヒーウッド以後の、これまであまり知られていなかった四色問題の多くの研究を、要領よく解説した記事である。

T. L. Saaty, Thirteen Colorful Variations on Guthrie's Four-color Conjecture, American Mathematical Monthly 79巻1号, 1972年, pp. 2〜43.

これはまた四色問題に多くの貢献をしたオアに対する追悼記念講演でもある。

四色問題をゲームに

四色問題を、地図を与えて二人で四色のどれかに交互に国を塗ってゆき、塗りそこなった方が負け、という<u>ゲーム</u>にしたてることは可能である。しかし、普通の形では、どこで初めて塗りそこなったのかがわかりにくい。

頂点に＋、－をつける形なら、わかりやすいから、次のような知的ゲームは、実際可能である。平面に三枝グラフを描く。二人で（あるいは三人でも）交互にどれか一つの頂点に＋か－かを書いてゆく。白と黒の碁石を＋、－の表現として置くとよいかもしれない。目標はすべての面の周の＋の数と－の数の差を3の倍数にすることである。

このとき、どちらも自分の手をうつ前に、直前の相手の手がそういうことを不可能にするものでないかどうかを検査し、もし誤りなら、それを指摘することができる。たとえば、三角形の二頂点に＋と－をつけたり、四角形の三頂点に＋をつけたりしたら誤りである（図3・12）。その指摘が正しければ誤った方が負けである。しかし、その指摘が誤っていたら、文句をいった方を負けとする。また、相手が誤りに気づかずに次の手を打ってしまったら、逆にそれを誤りだと指摘することも許される。離れた点の符号をきめると、完成させることが不可能になる場合もあるが、その判定は、やっかいなので、実際に矛盾が生じた所で勝負をつけることにしよう。

もし、最後までうまくいって、＋、－の符号づけが完成したら、引き分けとする。どうしても

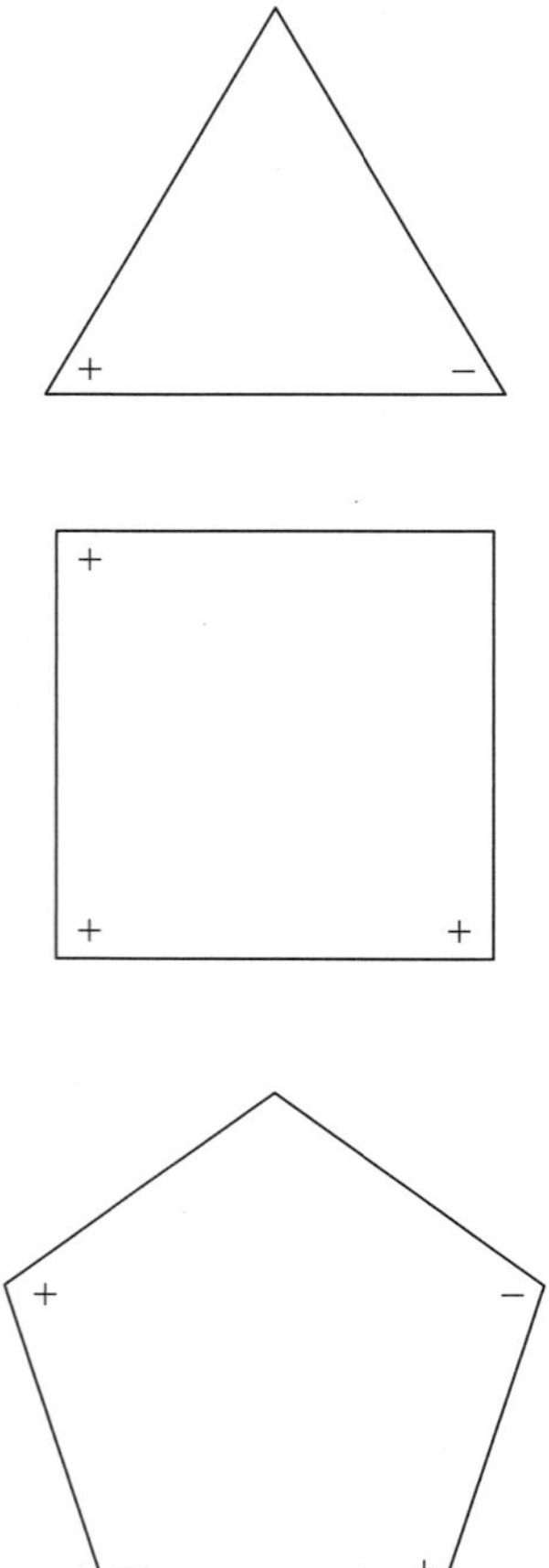

図3·12　誤った手の例

それができず、どちらかが必ず負けるようなグラフが、もしあれば、四色問題の反例が発見されたわけだが、残念ながら（？）そういう見込みはなくなった。

あるいは、これを計算機とのゲームにしてもよいかもしれない。そのときには、プログラムにわざと誤った手をも組み込んでおいて、人間が気づかなかったらもうけもの、という作戦も可能であろう。最後までうまくいったら、今度は人間の勝ちとして、計算機はそれにもとづく四色塗り分けを計算して表示し、サービスするように作るとおもしろかろう。

ゲームとしてではないが、これに近い試みをしたのが、次に述べる山辺英彦の遺稿である。

なお、この＋、－の符号づけによって、ｎ頂点の三枝地図の四色塗り分けが、2^n程度の手間でできることがわかる。符号づけを国の塗り分けに直す手間は、ずっと少ない。したがって平面地図の四色塗り分けは、変数ｎに関する多項式程度の手間ではできるかどうかはわからないが、ｎの指数関数の手間をかければ必ずできるし、でき上がりを検査するのはｎの多項式程度の手間でできるという、いわゆる「NP問題」の典型例である。

これに対して、平面地図の五色塗り分けは、国の数の三乗以下の手間で実行可能なことが証明されている。このような塗り分けに要する手間という話題は、計算量の理論が発展するまでは、注目されなかったようである。もちろん四色塗り分けが、ｎの多項式程度の手間ではできないというのは、証明された定理ではない。しかしこの面からも、四色塗り分けのむずかしさが五色の場合とは大きく違うように思われる。

ところで地図の塗り分けを、三枝地図の頂点の符号づけに変換し、ゲームとしてではないが、それに近い試みをしたのが、次に述べる山辺英彦の遺稿として発表された研究である。

山辺英彦の研究

山辺英彦（やまべ・ひでひこ：1923〜1960）といっても、ごく一部の数学者しか知らない名であろう。しかし、彼はアメリカで客死した惜しむべき数学者であった。

彼は、芦屋の名門の出であり、太平洋戦争中に旧制三高から、東大理学部数学科に進んだ。学生時代ラグビーの選手でもあり、大学生時代には、筆者の同級生の中の最年長者であって、いろいろな意味でリーダー格であった。そして、一種の万能選手であった。

山辺は生涯ほとんどあらゆる数学の難問に挑戦した。とくに、当時大さわぎであった一九五一年の「ヒルベルト第五問題」の解決にあたって、画竜点睛的な総仕上げをしたことは、たぶん彼の最も有名な、そして最大の業績だと思われる。

一九五九年頃、山辺が計算機によって四色問題を研究している、というニュースが伝わったが、当時は詳細が不明のまま、彼の訃報に接した。彼のこの研究は、後にポープ（David Pope）との共著で、"A Computational Approach to the Four-Color Problem"として、

Mathematics of Computation 15巻, 1961年, pp. 250～253 に発表された。また全集にも収録されている。

山辺のやり方は、地図を頂点の番号と、そのつながり具合として入力し、テイトの方法に基づき、各頂点に＋または－の符号を与えて、各面の周の＋の数と－の数との差が3の倍数になるような組み合わせを、しらみつぶし的に調べるものである。したがって、全数検査がすむと、＋、－のつけ方が何通りできるかがわかる。それを枝のテイト塗り分け、さらに面の塗り分けに訳すのは、機械的にできる。ただし、彼らのプログラムでは、全数検査をしていて、標準化をしていないので、＋、－全部が逆になった解も独立に求められている。したがって、正味のつけ方は、その半分とするのが正しいかもしれない。

例として、図3・9のような立方体の輪郭に対しては、八通りの解があり、当時の計算機で印刷時間を入れて、2秒以下で求められている。ただし、八通りというのは、頂点の番号を固定したときである。＋、－の交換も別にしているし、本質的には頂点に＋、－を互い違いにつけた図3・9と、一対の対辺の両側に＋、他に－をつけた図3・11の形三通りであるから、二種とみるべきかもしれない。そういう回転して同一になるものを検査するには、別の大変な作業が必要になる。

もっと複雑な例としては、図3・13の三六頂点、二〇ヵ国（外部も国に含む）からなる地図が

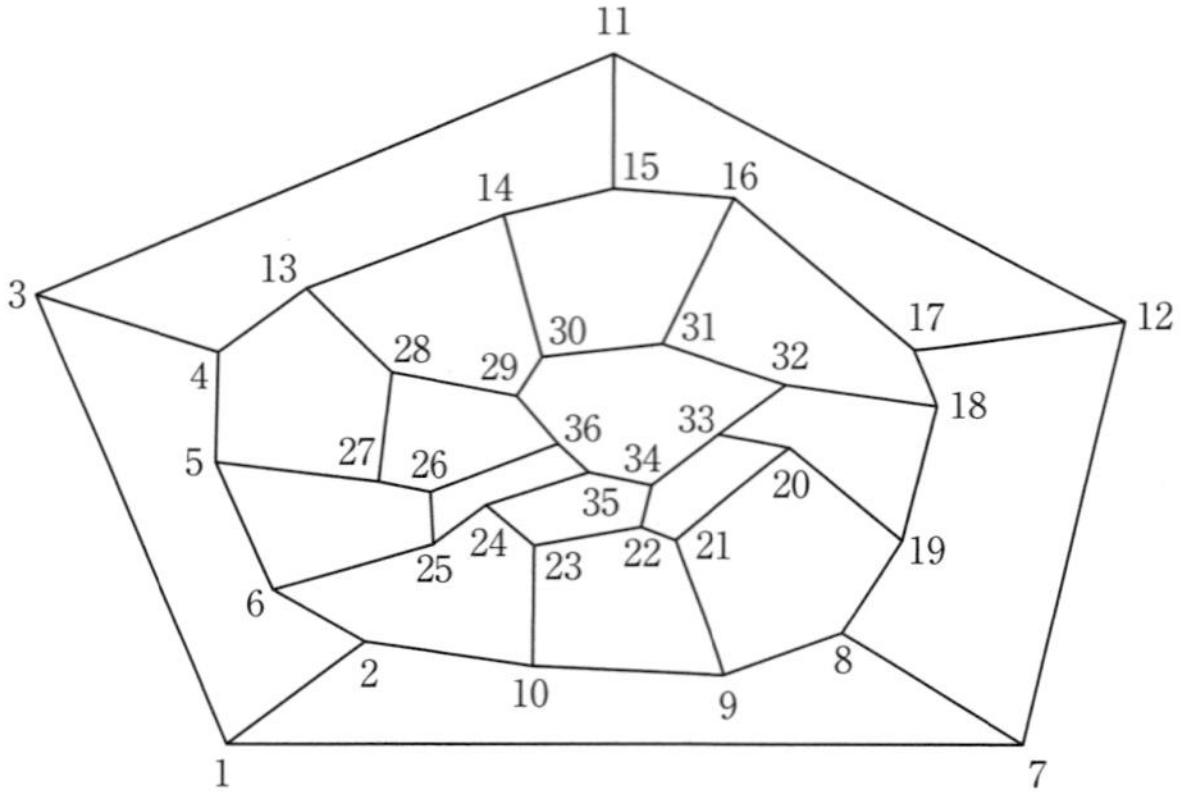

図3・13　36頂点20ヵ国からなる地図。さて，どうしたらうまく四色で塗り分けられるか？

あげられている。これには、約二五分かかって、合計一四六通りの＋、－のつけ方が見つかった。ただし、＋、－全部を入れかえたものをも別に数えているので、本質的には七三通りである。現在の高速計算機なら、たぶん一分もかからないであろう。この地図は塗り分けのよい演習例でもある。一九六〇年当時は、まだ一部では、五〇ヵ国くらいの地図で、四色問題の反例が作られるのではないかといわれていた。山辺は、それと覚しき地図を工夫して、反例をこしらえようとした節がある。計算機で全数検査をして、＋、－のつけ方が0という出力が得られれば、その地図は四色では塗り分けられないことになる。試験的に、ペテルセン・グラフを入力して、＋、－のつけ方の数0ということを確かめもした。

もしも、これで反例が見つかれば、「計算機による数学の難問の解決」として、大評判になったであろう。不幸にして、それは甘すぎた。しかし、山辺のこのやり方は、与えられた地図を実際に四色に塗り分けるための機械的算法としては、きわめてすぐれている。一通り塗り分けてみせるだけなら、全数検査は不必要で、何か一通りの＋、－のつけ方が求められたら、そこでやめて、それを面の色分けに訳せばよい。

アイザークス（R. Issacs）は、三枝グラフの枝を直接にテイト塗り分けするための、計算機向きの全数調査的算法を提唱している（たとえば、『(日経) サイエンス』一九七六年六月号の「数学ゲーム」欄参照）。しかしそれよりも、頂点に＋、－の符号づけをするほうが簡単である。一人で手でやるなら、黒と白の碁石を頂点においてもよいし、鉄製の黒板に描いた地図の頂点に、色の違う（たとえば青と黄の）磁石鋲をおいて試みてもよい。比較的小さい地図なら計算機で、＋、－の全数検査も可能である。ともかく、カラー・ディスプレイ装置と組み合わせて、前述のようなゲームと合わせれば、学園祭や計算機ショーのための、よいデモンストレーションになることと思われる。計算機科学を専攻しようと志す方は、一度は試みられることをおすすめしたい。また、図３・13の地図のほか、この本にあげたいくつかの「演習問題」を、この方法で四色塗り分けしてみることをおすすめする。

第四章　ヒーウッドの研究

——曲面のほうがやさしい？

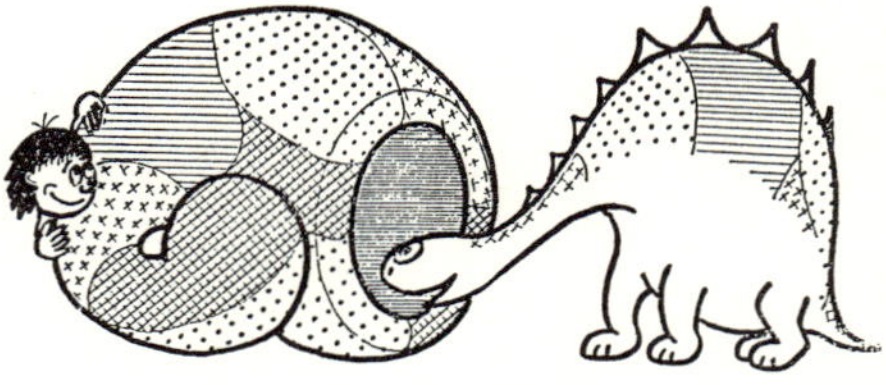

クラインの瓶

ヒーウッドの研究の概要

一八九〇年代のヒーウッド（Percy John Heawood: 1861～1955）の研究の第一の成果は、ケンペの証明が誤っていたこと、および平面地図を五色で塗り分けることは可能であり、その証明は、ケンペの方法でよいことの指摘である。しかし、この話はすでに第二章で述べたから、ここにはくり返さない。その論文は、Map-color theorems, Quat. Journal of Math. Oxford Ser. 24巻, 1890年, pp. 332～338 である。

第二の成果は、平面以外の曲面への拡張、ないしはその類比である。この章では主としてこの話を解説する。これは四色問題と似ているが、最初に予期されたほど、四色問題との関連は濃くない。

ヒーウッドは、後述のように一般の曲面上の地図に対して、塗り分けに十分な色の数を示す公式を与えた。しかし、本当にそれだけの色が必要な地図があるか、という**必要性**の証明は、永らく「たぶんそうだろう」というだけの状態であった。

平面のときには四色必要なことは自明で、それで十分か、が大問題であるのに反して、一般の曲面では、これで十分という色の数は容易にわかり、それが本当に必要かが問題になった。これが逆になるのは、オイラー標数の正負によって、話が逆になるといえばそれまでだが、何か妙な気がする。

一般に曲面上の地図について、ヒーウッドの与えた個数の色が必要十分という命題は、**「ヒーウッドの予想」**とか**「地図塗り分け定理」**とかよばれたが、後述の一つの例外の場合を除いて、本当にそうだと証明され、これが定理として確立されたのは、実に一九六八年（発表は一九七〇年）のことである。この章では、四色問題とは直接の縁はうすいが、曲面上の地図塗り分け定理について解説する。

ヒーウッドの定理が発表されて以後、平面の地図を逆にある種の曲面上にはめこみ、その上で四色問題の証明をしようという試みがあり、実際に証明しえたと称する論文もある。ただ正直いって、曲面上にはめこむ理由が明確でなく、四色問題の解決には至っていないように思われる。

図4・1　P. J. ヒーウッド（1861〜1955）

曲面の分類

ここでいう**曲面**とは、数学的に厳密にいえば、「二次元多様体」であるが、むしろ一般的な多面体の表面と解釈したほうがよい。「曲面」というけれども、「平面」もその一種と考える。境界のない**閉じた曲面**を考えることが多いが、補助に境界のある曲面も考える。ここで扱うのは曲面のトポロジー（位相幾何学）であって、連続写像によって変わらない性質の研究である。曲面の**分類**とは、位相的（トポロジー的）に同値な、すなわち一対一の連続写像によって互いにうつりうるものはどういう面なのか、の研究である。

曲面の分類は、一九世紀のトポロジーの重要な成果の一つである。結論をいうと、それは境界の数、ベッチ数（またはそれと本質的に同じ他の概念）、向きづけられるか否か、という、むしろ代数的な性質で完全に定められる（これらの概念については、順次解説する）。そしてこれから、一般に空間、あるいは多様体を、いくつかの「代数的量」で特徴づけようという「代数的トポロジー」が発展する。

しかし、その後の成果によると、前記のような数個の数だけで位相的分類が完全にできてしまうのは、次元が低い曲面のような特別の場合だけであることが、次第にはっきりしてきた。何かの代数的量の違う空間が、位相的に相異なるのは明らかだが、それらがすべて同じでも、位相的に同値とはいえない場合が、次元が高いときにはむしろ普通に生ずる。そういう所からトポロジーの多くの難問がでてきた。そしてトポロジー自体も、高い次元の場合の問題と、低い次元の場合の問題とに分離しつつある。

四色問題は、第一章でも注意したように、二次元の面に特有の問題であって、しいてトポロジーというならば、「低い次元」の典型的な問題なのである（次元とは、空間のダイメンジョンの訳であって、「低い次元の問題」を「程度が低い」とか「やさしい」と混同してはいけない）。この本は、トポロジーの教科書ではないから、以下、当面必要な程度の、半直観的な説明でお許し願いたい。

線型連結度

閉曲面中もっとも簡単と思われる球面と円環面をとって比べよう。一九世紀には、後者はよくSaturn ring（土星の環）とよばれたが、本物の土星の環が一枚の固体でなく、微粒子の集まりであることがわかった現在では、かえってそぐわない名になった。むしろ、ドーナツか、自動車のタイヤか、電車の吊り革の環とでもいった方がよいかもしれない。トポロジー的な形状だけなら、コーヒー・カップもパイプも、これと同位相である。この両者は、たし

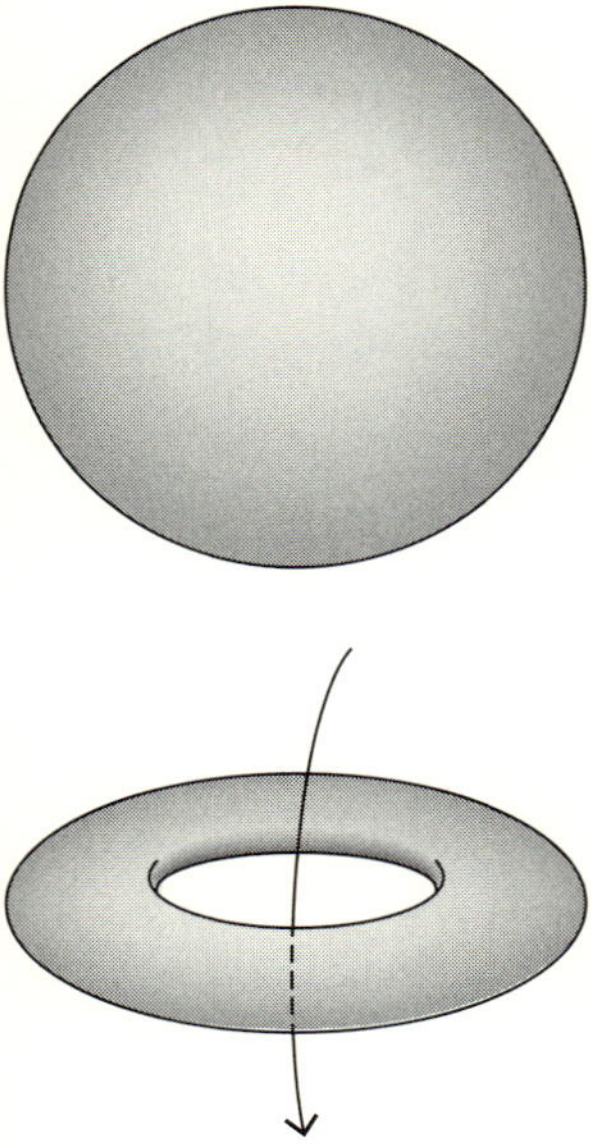

図4・2　球面と円環面

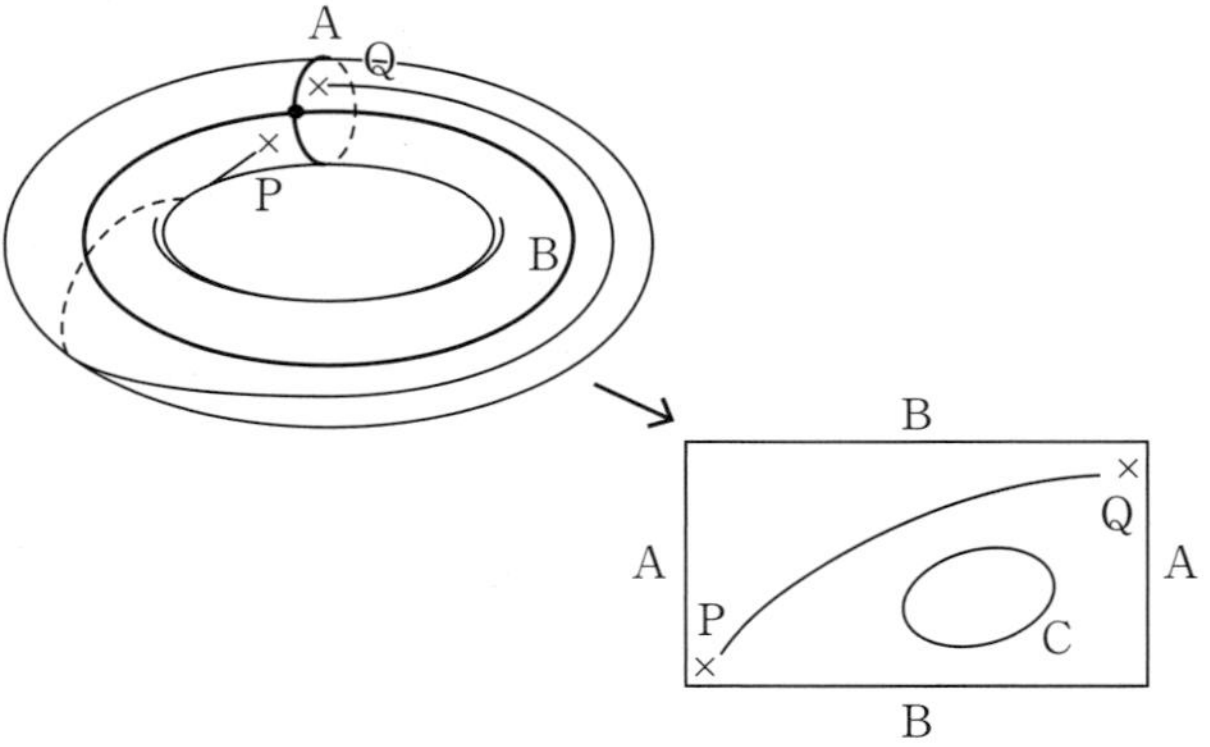

図4・3　切っても切れない

かに何か性質が違っている。たとえば、球は通りぬけられないが、円環は通りぬけられる。しかし、これはむしろ、その曲面を含む空間の性質である。両者の面上での差はどう表したらよいか？

その差もたくさんあるが、最も著しいのは、球面はその上の単一閉曲線に沿って切ると、切れてしまうのに、円環面は単一閉曲線に沿って切っても、必ずしも面が切り離されないことである。図4・3のように円環の子午線に沿う閉曲線Aでも、上面に沿う閉曲線Bでもそうである。この両方を切っても、まだつながっている（図の点PとQは結べる）。しかし、これをともに切ると、開いて長方形のようになる。あるいは逆にゴムでできた長方形の上下、左右の辺をつないでまるめると、円環面になるといってもよい（図4・3）。長方形は平面図形だから、もう一度閉曲線Cに沿って切れば切り離される。このように、ある曲面Sをn回

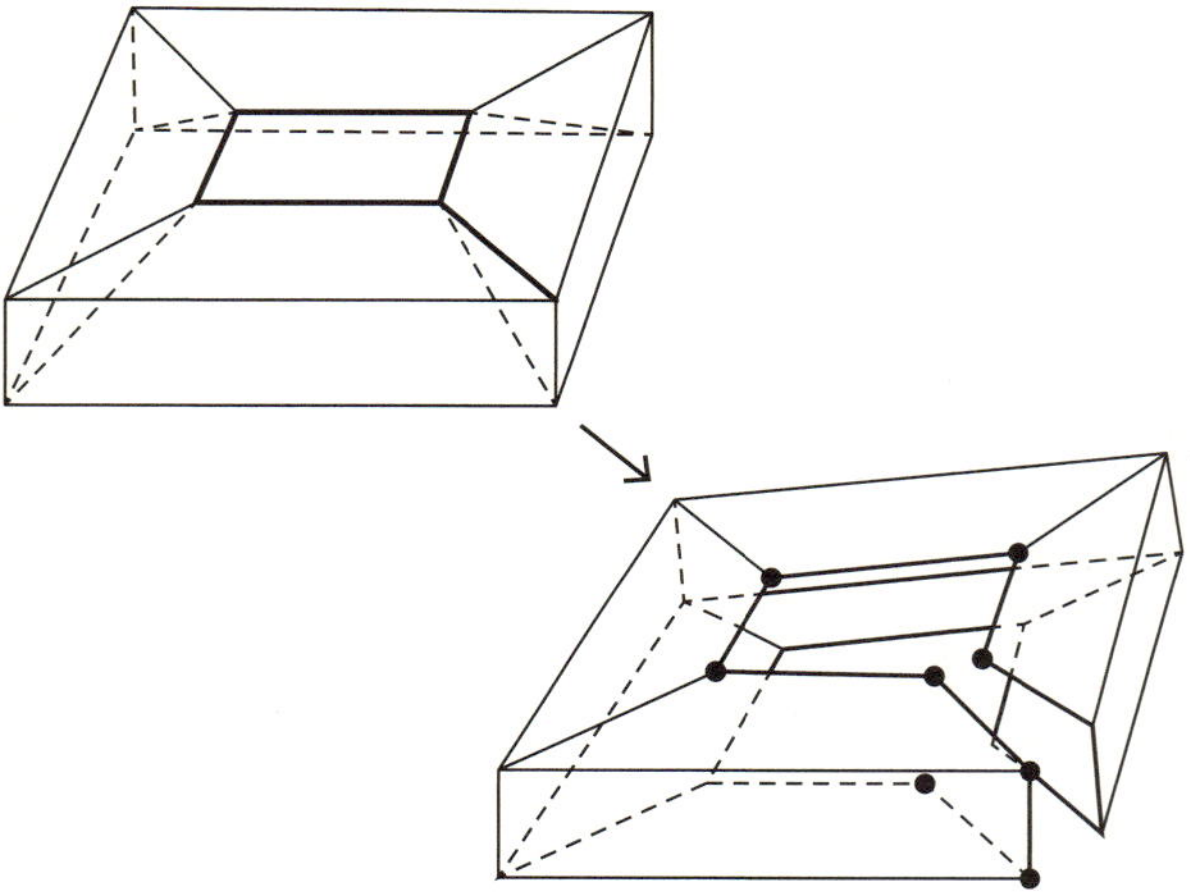

図4・4　額縁型多面体をこわす

単一曲線に沿って切っても、切り離されないようにできるが、(n+1) 回切ると必ず切れてしまうとき、Sの**線型連結度**がnであるという。球面、円環面の線型連結度はそれぞれ0、2である。

現在では、「線型連結度」という概念は、扱いにくい（実例で厳密に証明するのが、やっかいである）ので、これと実質的には同じものになるが、イタリアの数学者ベッチ（Enrico Betti; 1823〜1892）が、別の方法で導入した**ベッチ数**が広く使われている。しかし、われわれの当面の目的には、これで十分と思うので、ベッチ数それ自体の解説には触れないことにする。

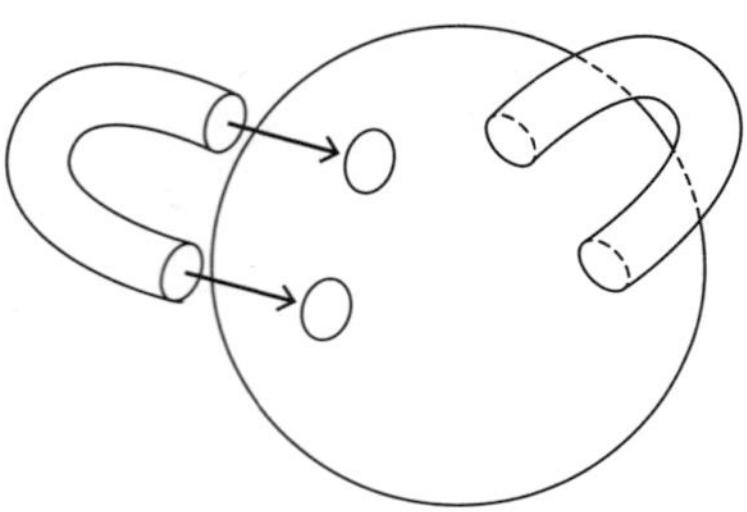

図4・5　球にとってをつける

円環面のオイラー標数

第一章の図1・20（図4・4に再掲）の多面体の表面は、ふくらませると円環面になる。そこでは、もとの形のオイラーの定理は成立せず、

$$V+F-E=0$$

である。第一章でオイラーの定理を証明したときのように、この多面体の面をはずして、分解してゆくと、面を一枚抜いたときに辺が一度に二本減るようなことが生じて、V＋F－Eが途中で不変でないのである。

しかし、図4・4の右下の線に沿って切って、ここに二枚の面を創設すると、全体として柱状となり、ふくらませれば球になる。辺と頂点が三個ずつふえたから、結局、オイラー標数は面の数の増加分2だけ増えるので、もとのオイラー標数は0である。

あるいは、あらためて図4・4の太線に沿って切り開いたとしよう。まず内側の四角形に沿って切ると、辺と頂点が四個ずつ増す。次に手前の角に沿って切ると、辺が三個と頂点が四個増

し、

$$V+F-E$$

は一つ増す。あとは平面に拡げられるから、第一章でのオイラーの定理の証明と同様に、そのオイラー標数は1であり、したがって、最初のオイラー標数は0であることがふたたび示される。

同様にして、ふくらませると、線型連結度nの閉曲面になる多面体については、つねに、

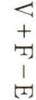

$$V+F-E=2-n$$

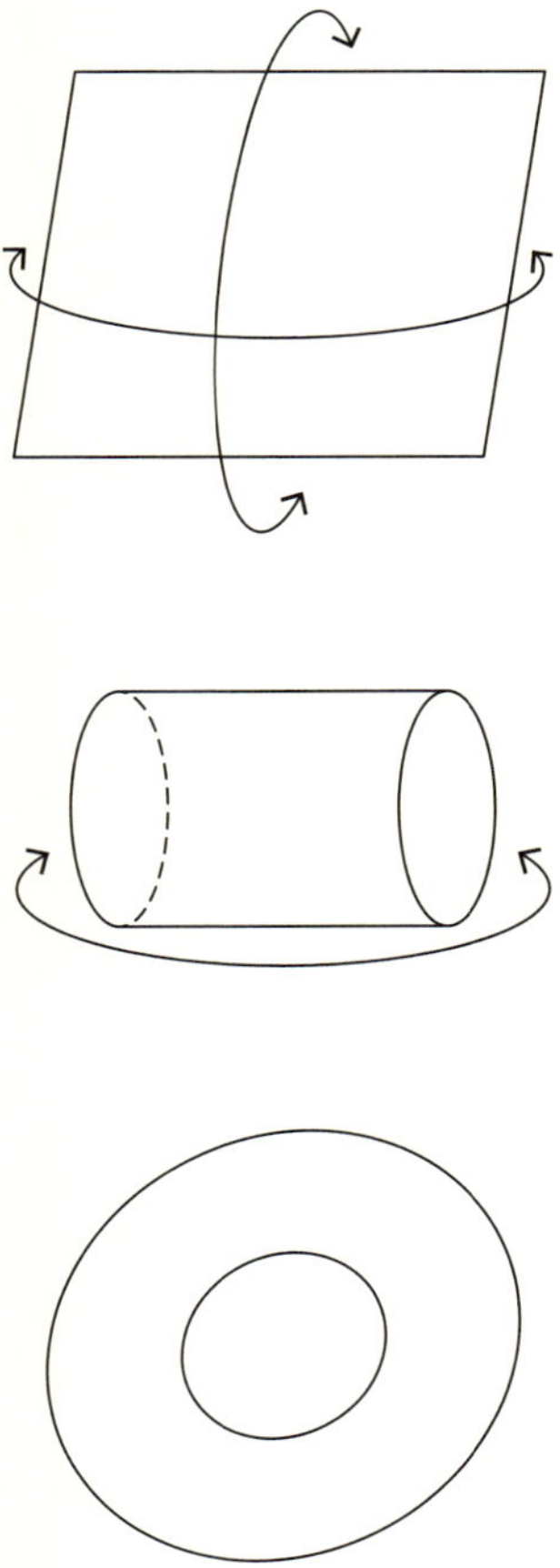

図4・6　円環面を作る

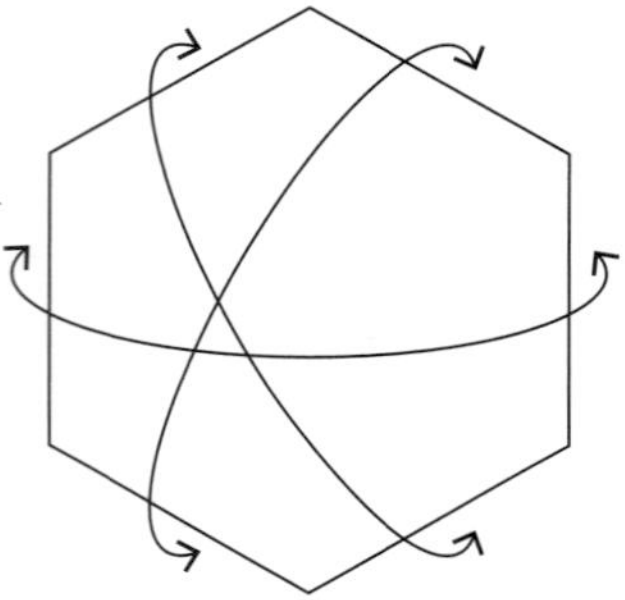

図4·8　六角形の相対する辺を
それぞれはり合わせて，
ねじった円環を作る

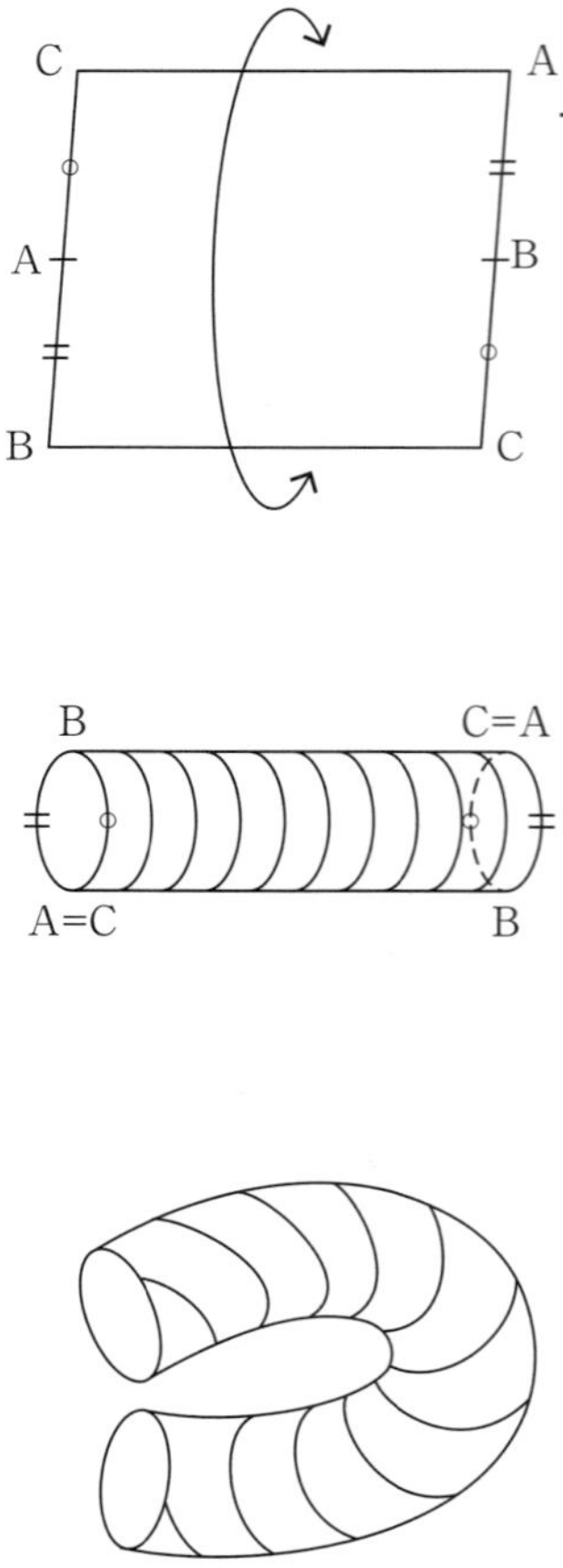

図4·7　ねじった円環を作る

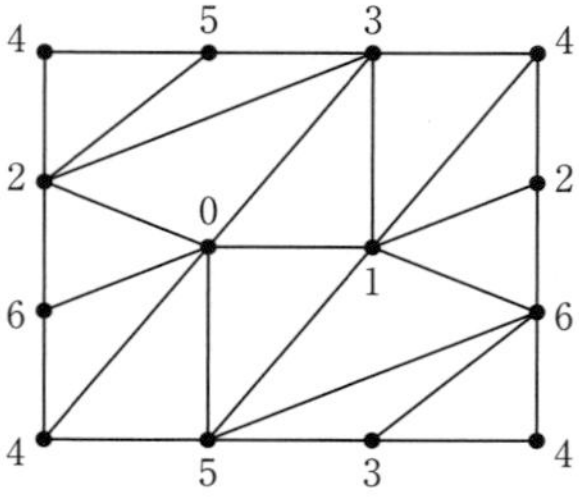

図4·9　円環面上の完全七
点グラフ

が成立することが示される。これが**一般のオイラーの定理**であって、この等式の値をその**オイラー標数**という。

オイラー標数がχである曲面上の三角形分割についても、第二章の基本公式(6)（59ページ）の右辺を6χとすれば、同じ式が成立することに注意しておく。

曲面の中には、あとにのべるように向きづけられないものもあるが、向きづけられる閉曲面の線型連結度nは、つねに偶数であることが証明される。したがって、$n=2g$とおいて、gを**示性数**とか**種数**とかいう。示性数0の曲面は球面と同位相であり、$g \geqq 1$のときには、図1・21に示したようなg人乗り浮き袋の面に同位相である。これは球面に2g個の穴をあけ、二つずつ組にして、合計g個のとってをつけたものとも同じである（図4・5）。これをうまく切り開けば、4g角形となることが知られている。

円環面を作る

逆に平面の弾力性のある板から円環面を作るには、長方形の板をとり、対辺をくっつければよい。まず、一方をはり合わせれば、円柱状になる。つぎにその両側をはりつければ、円環面になる（図4・6）。

位相的には円環面と同じだが、作り方が少し違うものに「**ねじった円環**」（ツイスト円環）がある。これは長方形の一対の辺をはり合わせて円柱形にしたあと、一八〇度ねじって両端をはり合わせたものである（図4・7）。あるいは、もとの長方形を円柱形にして、左右の辺の上半分を反対側の下半分とはり合わせたもの、といってもよい。それはまた六角形の相対する辺を、それぞれはり合わせてできる曲面といっても同じである（図4・8）。

円環面上には、完全七点グラフが描けるので、その上の地図の塗り分けには、最少七色が必要である。円環面上の完全七点グラフの描き方には、いろいろあるが（一例は図4・9）、むしろ六角形に図4・10のように描いて、ねじった円環上に表現したほうがわかりやすいかもしれない。

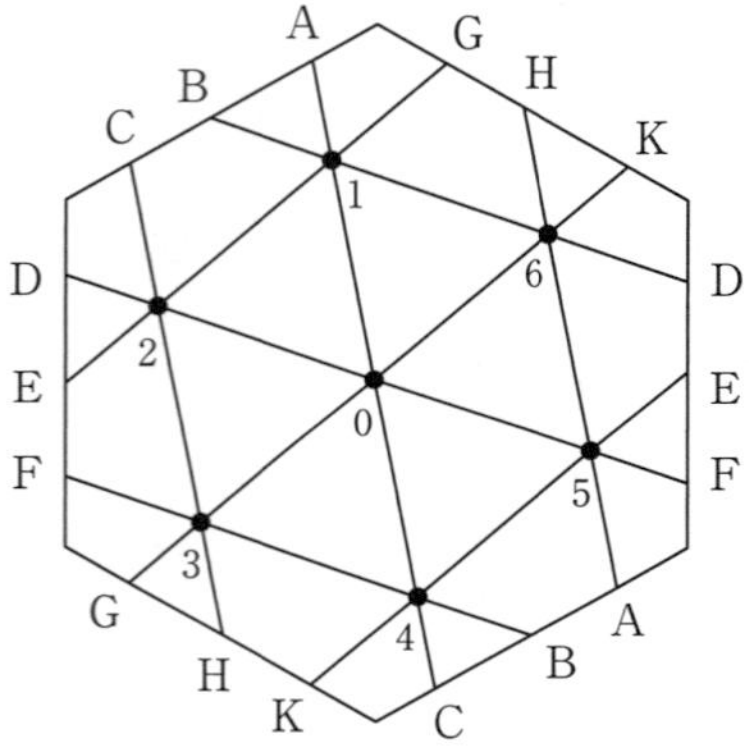

図4·10　六角形を使って，ねじった円環面上に完全七点グラフを描く

向きづけられない曲面

曲面の内には「裏表のない」奇妙な面がある。その中で、もっとも有名なのは、細長い帯の一端をねじってはり合わせた、いわゆる**メービウスの帯**である。実際にはり合わせるには「のりし

ろ」がいるが、理論的には両端を逆向きにくっつけたとしても同じことである（図4・11）。

ここで「**向きづけられない**」とは、その上にたとえば、時計回りの矢印をつけた輪をおき、これを一周させると、裏返しの反時計回りになって戻ってくるということである。あるいは、その上に多面体を描き、一つの面の内部にまわる向きを指示し、順次その隣りでは、境界を接する辺では反対向きに動くように向きをつけてゆくと、いつかは辺の両側が同じ向きになるような矛盾を生ずる、ということである。

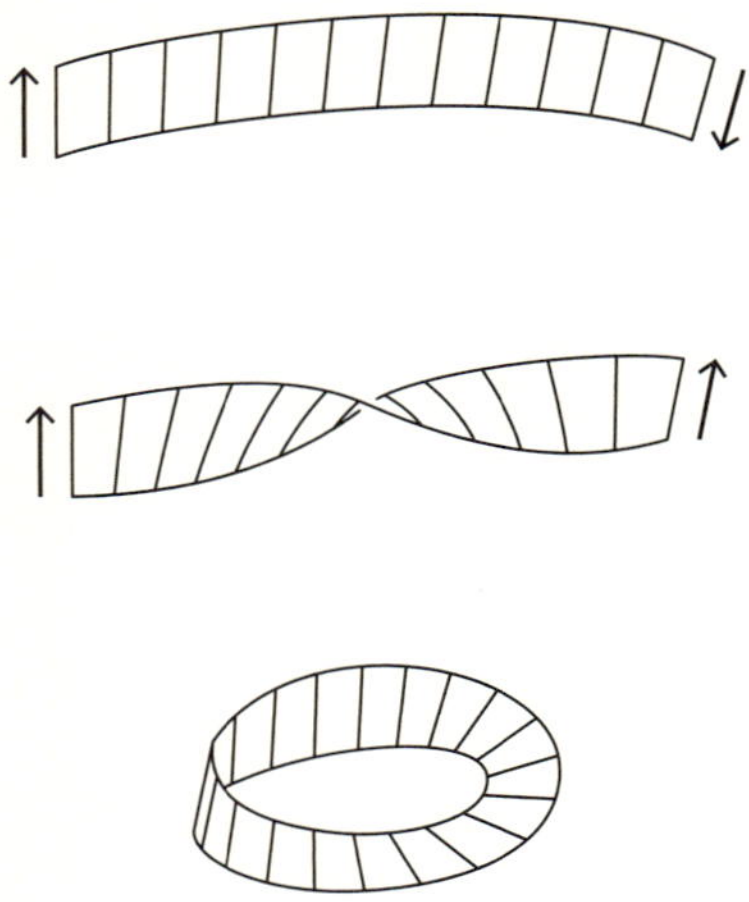

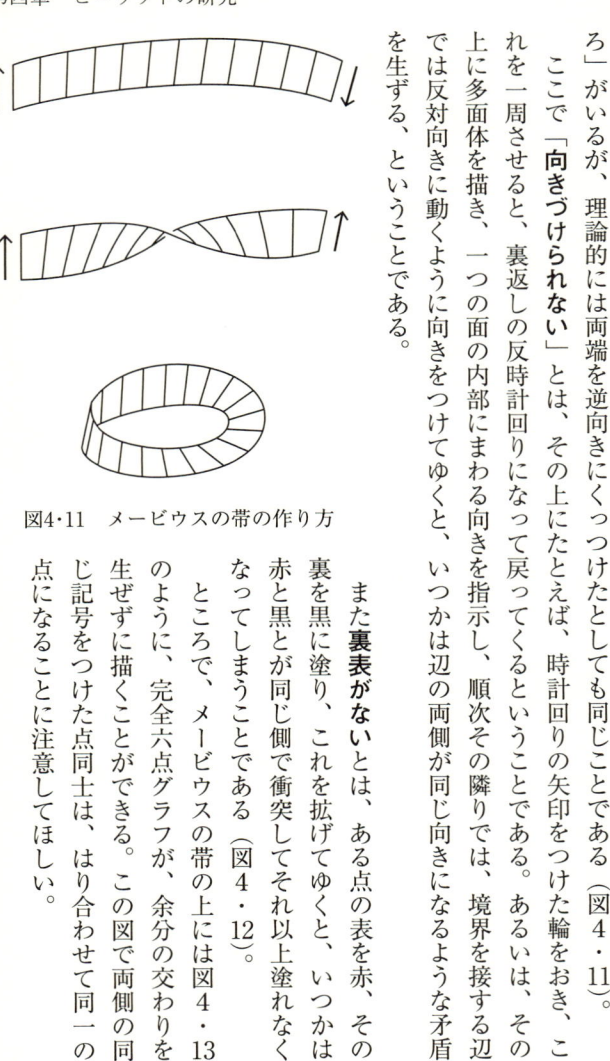

図4・11　メービウスの帯の作り方

また**裏表がない**とは、ある点の表を赤、その裏を黒に塗り、これを拡げてゆくと、いつかは赤と黒とが同じ側で衝突してそれ以上塗れなくなってしまうことである（図4・12）。

ところで、メービウスの帯の上には図4・13のように、完全六点グラフが、余分の交わりを生ぜずに描くことができる。この図で両側の同じ記号をつけた点同士は、はり合わせて同一の点になることに注意してほしい。

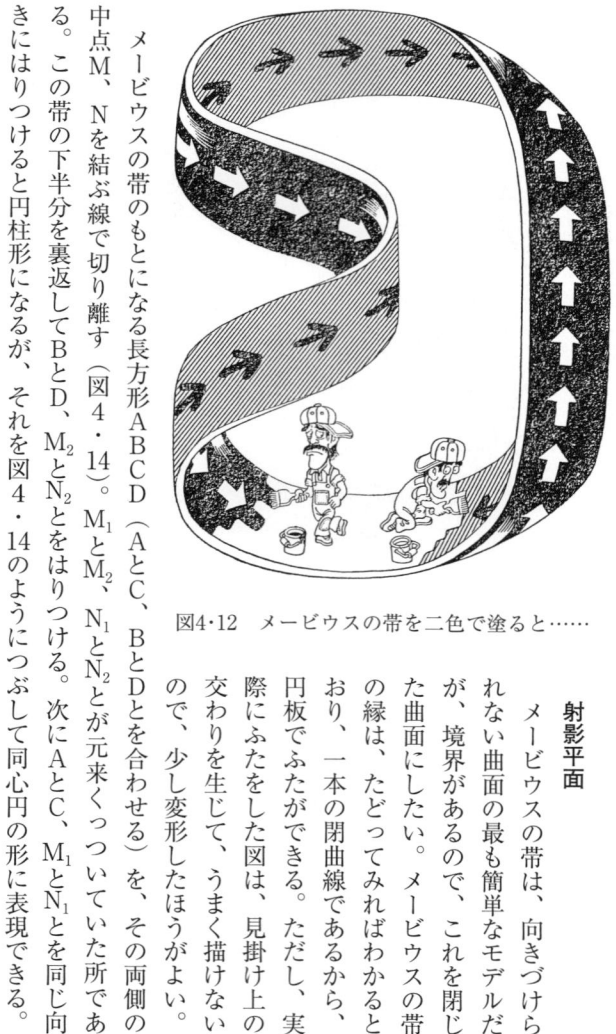

図4·12　メービウスの帯を二色で塗ると……

射影平面

メービウスの帯は、向きづけられない曲面の最も簡単なモデルだが、境界があるので、これを閉じた曲面にしたい。メービウスの帯の縁は、たどってみればわかるとおり、一本の閉曲線であるから、円板でふたができる。ただし、実際にふたをした図は、見掛け上の交わりを生じて、うまく描けないので、少し変形したほうがよい。

メービウスの帯のもとになる長方形ＡＢＣＤ（ＡとＣ、ＢとＤとを合わせる）を、その両側の中点Ｍ、Ｎを結ぶ線で切り離す（図４・14）。M_1とM_2、N_1とN_2とが元来くっついていた所である。この帯の下半分を裏返してＢとＤ、M_2とN_2とをはりつける。次にＡとＣ、M_1とN_1とを同じ向きにはりつけると円柱形になるが、それを図４・14のようにつぶして同心円の形に表現できる。

この内側の円が、もとのメービウスの帯の縁であり、外側の円は元来くっついていた中線であって、円の中心に対して対称な点は同一と考える必要がある。このように変形したメービウスの帯を**交差帽**ともいう。それは外側の半円を、多少無理してはり合わせると、見掛け上、自分と交わりのある帽子状（図４・15）にできるからである。

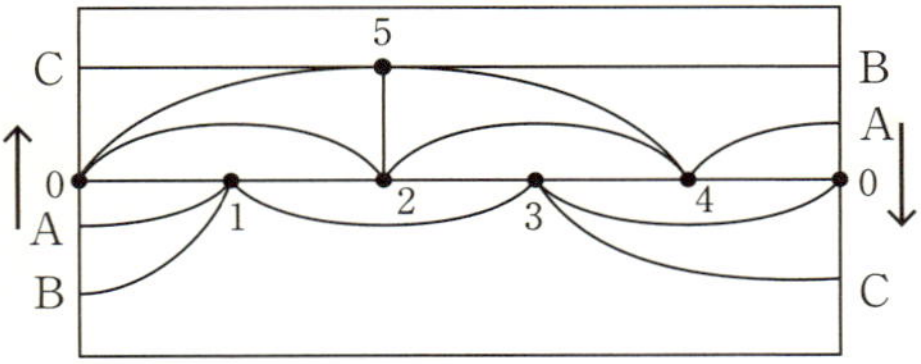

図4・13　メービウスの帯上の完全六点グラフ

この形にすれば、内の穴に円板をはめて、ふたをするのはやさしい。でき上がりは円板をとり、内部の点はもとのままとするが、周の点は、直径の両端点を同一の点と見なしたものになる（図４・16）。これを**射影平面**という。

もし、この円板の内部を円でなく半球とみたらどうだろうか。それに裏返したものをくっつければ球になる。したがって、射影平面は、球面をとり、直径の両端点（球の対点）を同一点とみなしたもの、といってもよい。いわば地球を大改造して、対点につねに同一のものをおいたような面である。これが向きづけられないことは、次のようにしてもわかる。

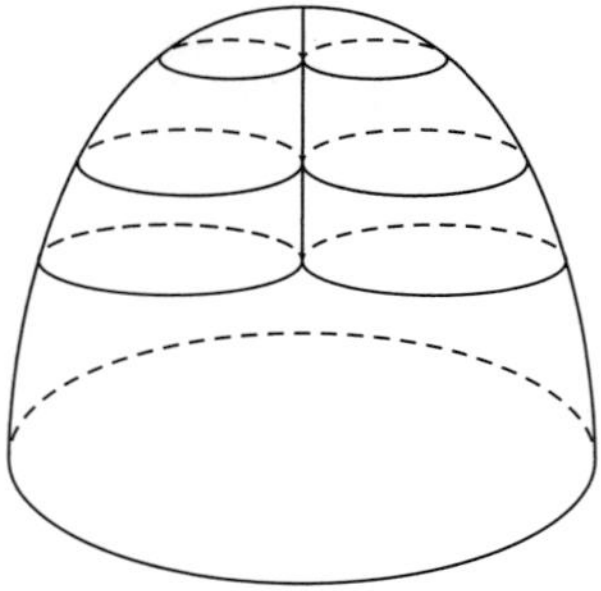

図4・15　交差帽

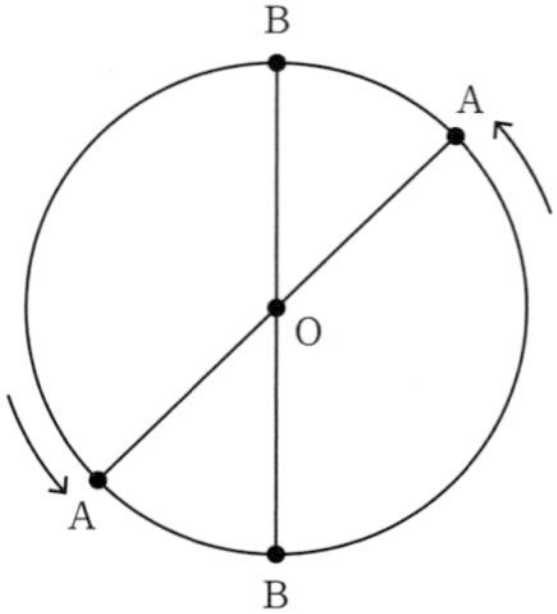

図4・16　射影平面

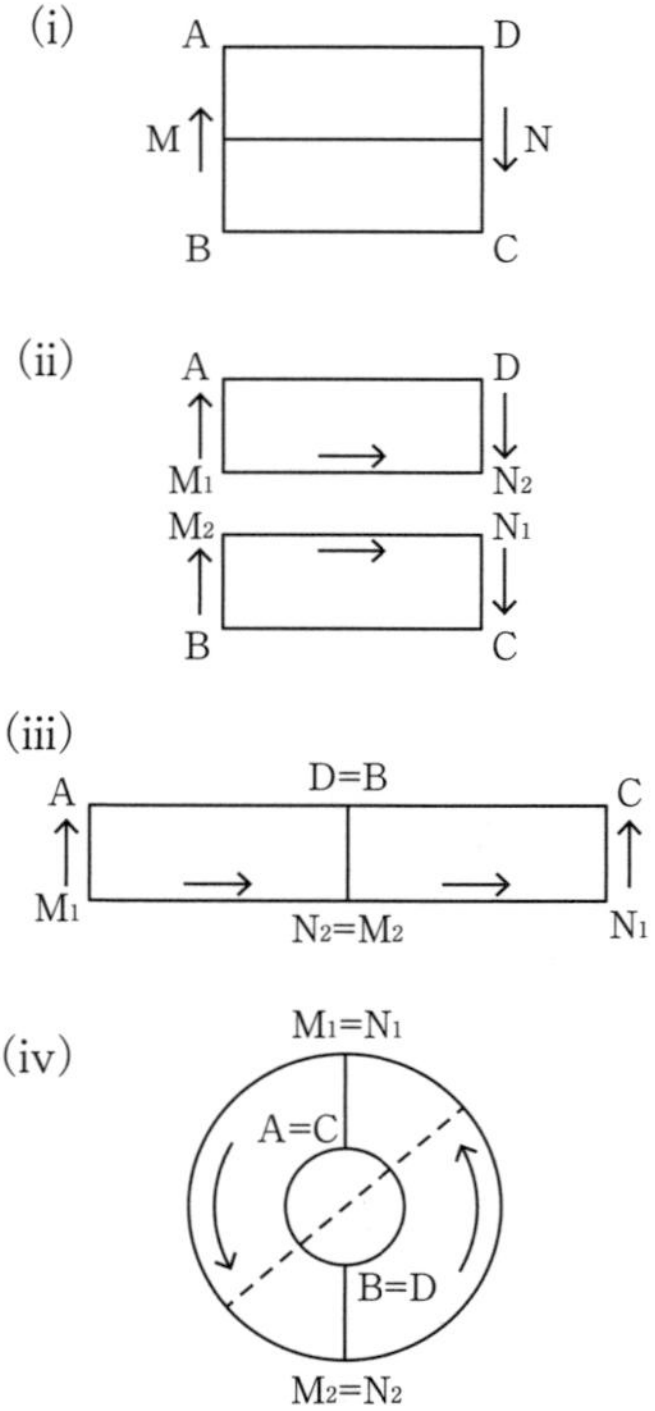

図4・14　メービウスの帯の変形

ある点Ｐ（両極を除く）の対点P′に対して、Ｐの東にある点Ｑの対点Q′はP′の東にあり、西も同様だが、Ｐの北にある点Ｒの対点R′はP′の南になる（図４・17)。つまり、ＰとP′とでは対応点の東西が同じで南北が逆転するため、対点の付近は、もとの形の鏡像のように裏返った姿になる。

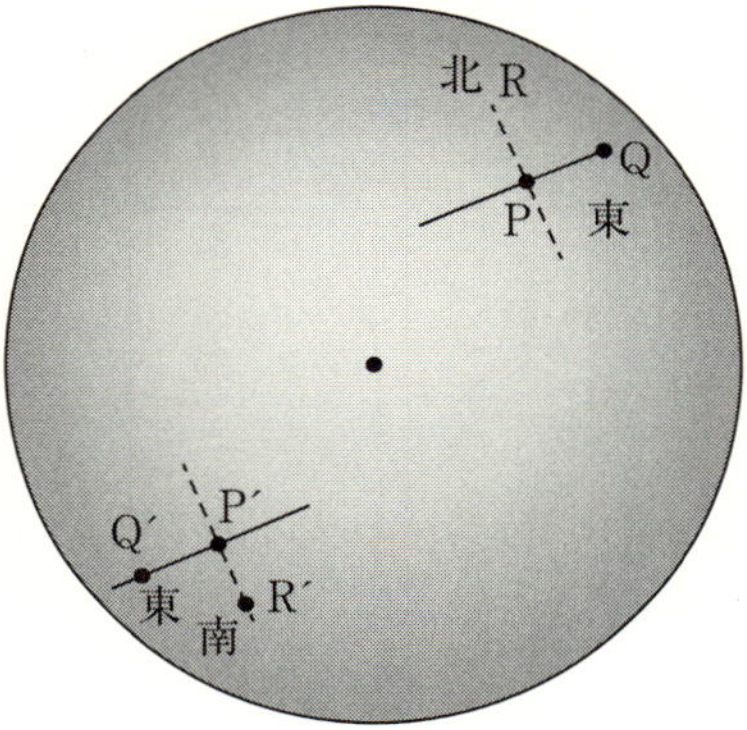

図4･17　対点は裏返る

クラインの瓶

一般に、線型連結度ｎ（n＞0）の向きづけられない閉曲面は、球面にｎ個穴をあけて、そこに交差帽（メービウスの帯）をはりつけたものと同位相になることが知られている。射影平面はｎが1のときである。

これについで簡単なのは、ｎが2のときである。二個穴をあけた球面は円柱の側面と同位相で、それは単なる円周に縮められるから、この曲面は直接に交差帽（またはメービウスの帯）を二枚はり合わせたものに等しい。したがって、二枚の長方形を一対の辺ではり

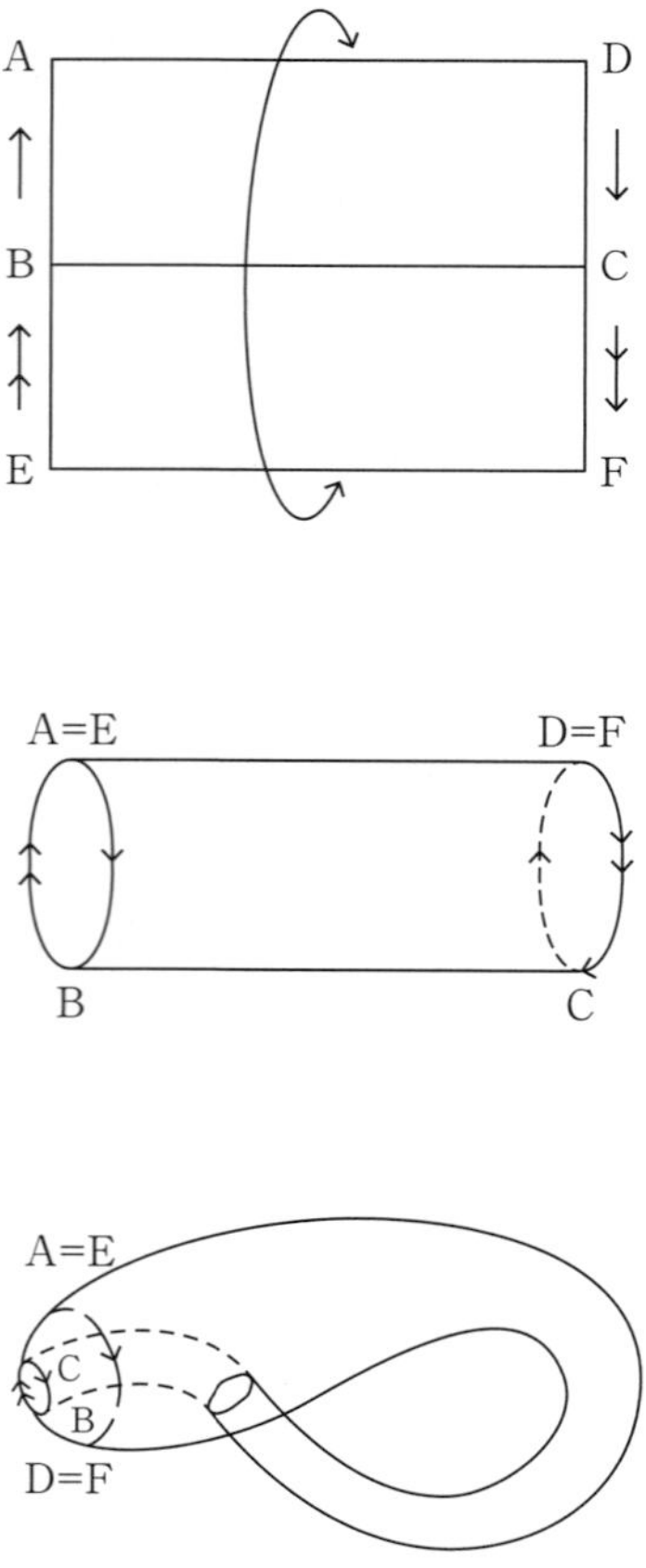

図4·18　クラインの瓶の作り方

合わせ（図４・18）円柱形にした上で、両端を反対向きにはり合わせれば、この曲面ができる。そのためには一端をひきのばし、外側から柱の内へ通してはり合わせればよい。内への切りこみは、見掛け上の交わりであって、実際には立体交差の道路のように互いに交わっていないものと考える。これを**クラインの瓶**という。クラインの壺（つぼ）という人もいる。クライン（Felix Klein; 1849〜1925）は、有名なドイツの数学者である。

クラインの瓶を中央で横に切れば、図４・19のようになるが、この切半された各部分は、ひきのばせばメービウスの帯である。これでクラインの瓶がメービウスの帯を二枚はり合わせたものと同じであることが、再確認される。

余談ながら、向きづけられない閉曲面を図に描くと、必ずどこかに見掛け上の交わりを生ずる。これは、図の描き方が下手なためではなく、三次元空間内では、どうしても避けられない本質的なものであることが、ヒルベルト（David Hilbert; 1862〜1943）によって証明されている。したがって、クラインの瓶の絵としては、章扉の漫画の「わな」のようなものにせざるをえない。しかしこの交わりは、立体交差を地図に投影したときに生ずるような見掛け上のものであり、往復にさしつかえ

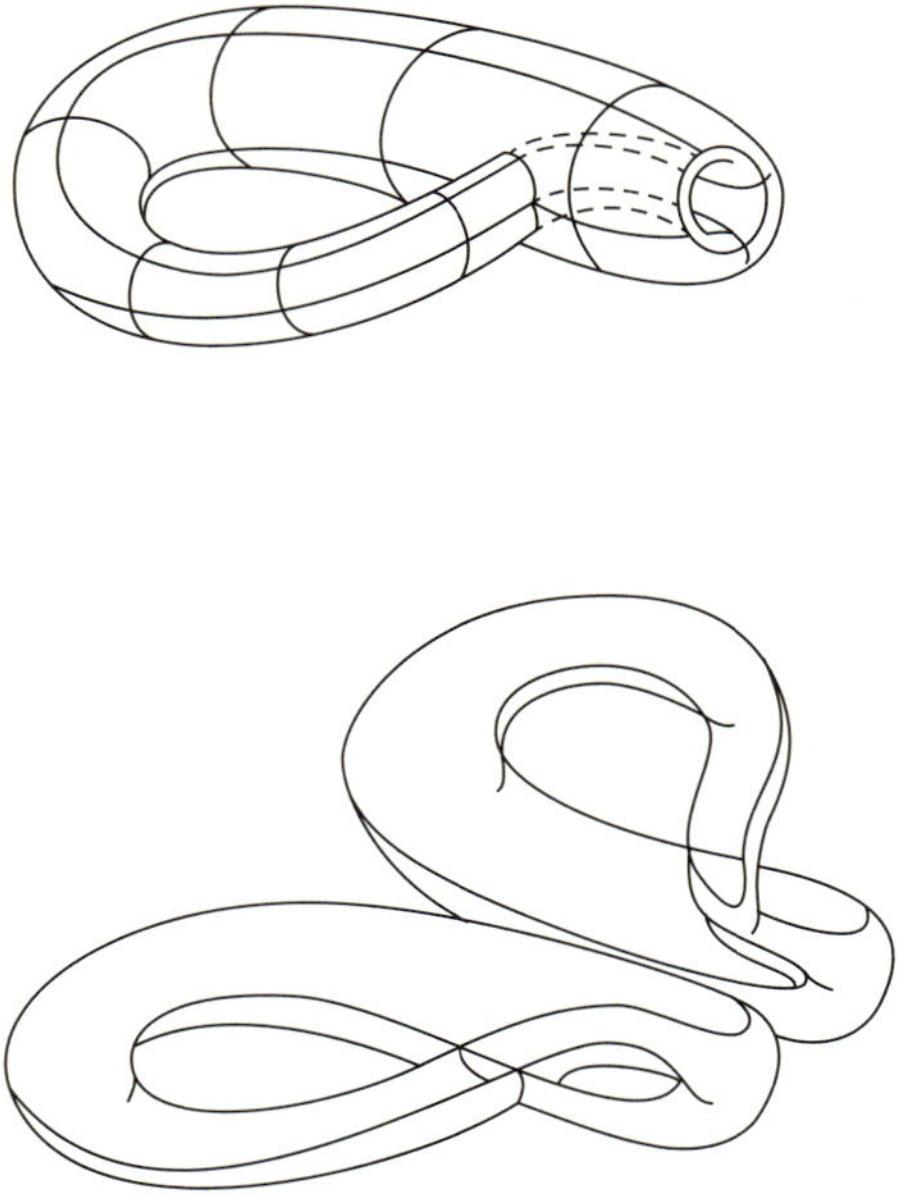

図4・19　クラインの瓶を切る

ない図を想像することはできるであろう。

曲面上の地図の塗り分け

曲面のトポロジーについて、述べたいことはまだたくさんあるが、地図の塗り分けのためには、この程度で十分である。

閉曲面Sの上の地図は、双対グラフに直せば、S上のグラフとしてよく、すべての面は三角形になっているとしてよい。第二章で注意したように、もし、いまあるmという数があって、S上のグラフには、つねにm枝以下の点がある、つまりm枝以下の点が不可避集合をなす、ということが証明されれば、S上の地図は、すべて（m＋1）色で塗り分けられる。したがって、塗り分けに要する色の最少種数を求めるには、このようななるべく小さいmを求めればよい。

そのためには、前述の第二章の公式(6)の右辺を6χとした修正基本公式が本質的な働きをする。まず、オイラー標数χが正のときには、五枝以下の点が必ずあるから、m＋1＝6色でよい。平面（球面）の場合を除くと、これに該当するのは射影平面のみだが、このときには、実際に六色を要する地図がある（図4・13の完全六点グラフ）。したがって六色が必要十分となる。

次にχが0のときには、七枝以上の点があれば、それを打ち消すために五枝以下の点が必要になるから、すべてが六枝点ばかりというときを除けば、五枝以下の点がある。したがって、m＝

6でよく、七色あれば十分である。これに該当するのは、円環面とクラインの瓶とである。円環面については、前に述べたように完全七点グラフが描けるので、七色が必要十分である。クラインの瓶は例外であって、実は後述のように六色が必要十分になる。それ以外の曲面では、つねにオイラーの標数が負である。このときには、六枝以下の点はなくてもよい。それがないとしたときには、基本公式の符号をかえて、

図4・20　F. クライン（1849〜1925）

図4・21　D. ヒルベルト（1862〜1943）

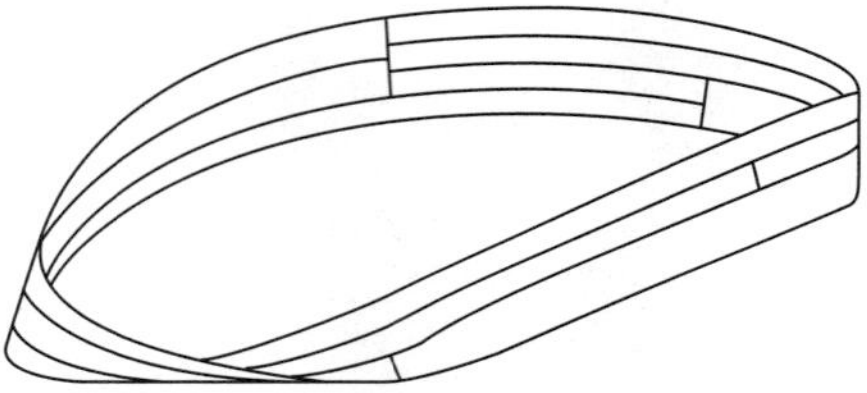

図4・22　メービウスの帯の上では何色いるか
（答えは口絵を参照）？

$$V_7+2V_8+\cdots\cdots+(n-6)V_n+\cdots\cdots=6|\chi|$$
$$=-6\chi \quad (*)$$

としたほうがよい。7、8、……（m−1）枝点がないとしてm枝点があれば、その隣りにはm個の点がある。それらが同一の点であることも原理的にはあるが、同一の点対が二本以上の枝で結ばれたときには、塗り分けのためには、枝を一本にしてさしつかえないので、すべての点が違うとしてよい。そうすると、少なくとも（m+1）個のm枝以上の点があるから、公式（＊）の左辺は、

$$(m+1)(m-6)$$

よりも大きい。ゆえにこれが右辺をこえないとして、不等式、

$$(m+1)(m-6) \leqq -6\chi$$

を得る。あるいは線型連結度（ベッチ数）をbとすると、

$$\chi = 2 - b$$

だから、この不等式は、二次の不等式、

$$m^2 - 5m + 6 - 6b \leqq 0$$

となる。これを解くには、高等学校の課程にあるとおり、この左辺を0とおいた二次方程式の大きい方の解をαとすれば、

$$m \leqq \alpha = \frac{5+\sqrt{25-4(6-6b)}}{2} = \frac{5+\sqrt{1+24b}}{2}$$

となる。したがって、これに1を加えたものの整数部分をとると、

$$m+1 \leqq h = \left[\frac{7+\sqrt{1+24b}}{2}\right]$$

となる。角かっこは、半端を切り捨てて整数にした値という意味である。このhを**ヒーウッドの**

b	h
(0)	(4)
1	6
2	7
3	7
4	8
5	9
6	9
7	10
8	10
9	10
10	11
11	11
12	12
13	12
14	12
15	13
16	13
17	13
18	13

数とよぼう。線型連結度がb ($b \geqq 3$) の曲面上の地図は、ヒーウッドの数だけの種類の色で、つねに塗り分けられる。

hの値は右の表のとおりである。もっとも、向きづけられる曲面については、bが偶数のときのみでよい。そのときには、$b=2g$として、

$$h=\left[\frac{7+\sqrt{1+48g}}{2}\right]$$

と書くほうが普通である。

前に述べたように、実は、$b=1, 2$ のときにも、この数は正しい。ただし、クラインの瓶だけは例外で、六色ですむ。

公式の皮肉

前の表で $b=0$ の所は、かっこをつけておいた。実際、この公式に、まったく機械的に $b=0$ を代入すると、$h=4$ とでてくる。これは、もちろん「偶然の一致」であって、四色問題の解決ではない。上記の理論を反省すれば、$b=0$ のときには不等式の向きが逆になるので、これはなんら価値ある結論を与える式ではない。実際、この式を導くときに $b \geqq 3$ を仮定して始めた。$b=1, 2$ のときにも一致するのは、偶然という以上にもう少し意味があるが、$b=0$ のときは、まったく「偶然」の皮肉である。むしろこれは逆に、「もしも四色問題が正しければ、ヒーウッドの数は、この場合にも地図塗り分けに十分な色の数を表す」と解釈するほうが正しい。

ここでまた微妙なくい違いが生ずる。後述のように、クラインの瓶では、$h=7$ だが、実は六色でよい。平面（球面）のときには、逆に形式的には、$h=4$ だが、四色問題は誤りで、五色いるのであって、クラインの瓶のときと逆のくい違いを生じているのではないか、という推察も考えられる。あるいはまた、ヒーウッドの数が6から先はずっと続いて現れるから、最小のときが4であって5がとぶよりも、5から始まるほうがもっともらしいとも考えられる。そうなると、四色問題がむずかしいのは、本当はそれが正しくないからであり、五色必要な地図があるのだ、と考えてみたくもなる。……

と書いてきて、筆者は、ここで次項に述べるフランクリンの論文『(クラインの瓶の)六色塗り分け定理』をいま一度読み直したところ、びっくりした。何とフランクリン自身が、同じことをいっているではないか!

それまで漠然と、ヒーウッドの数がすべての場合について必要十分であり、平面の場合以外は、すべて証明されたように思われていたのに対して、次項で述べるように、フランクリンは、クラインの瓶の場合が例外であることを示した。このような例外は唯一つと考えるより、他にもっとあると考えるほうが、自然ではなかろうか?

クラインの瓶の六色定理

クラインの瓶上の地図が、七色でなくて六色で塗り分けられることを初めて証明したのは、フランクリンの一九三四年の業績である(A six color problem, Journ. of Mathematics and Physics 13巻, 1934年, pp. 363~369)。

その証明は大別して二部に分かれるが、本質的なのは、クラインの瓶上に互いに境を接する七ヵ国がない(双対グラフでいえば、完全七点グラフが描けない)ことの証明である。その概要は以下のとおりである。完全七点グラフでは、頂点の数Vが7、枝の数Eが21であり、オイラーの標数が0だから、関係式、

$$E = 3V - 3\chi$$

が成立する。一般に「この関係式が成立するグラフは、その曲面上の、すべてが三角形の面からなる多面体の頂点と辺として表現できる」ことが、曲面論の一般的な定理として証明できる（その証明はそう簡単ではないので、ここには省略する）。もとに戻せば、互いに境を接する七ヵ国は、各国が六角形である三枝グラフの形に表現される。

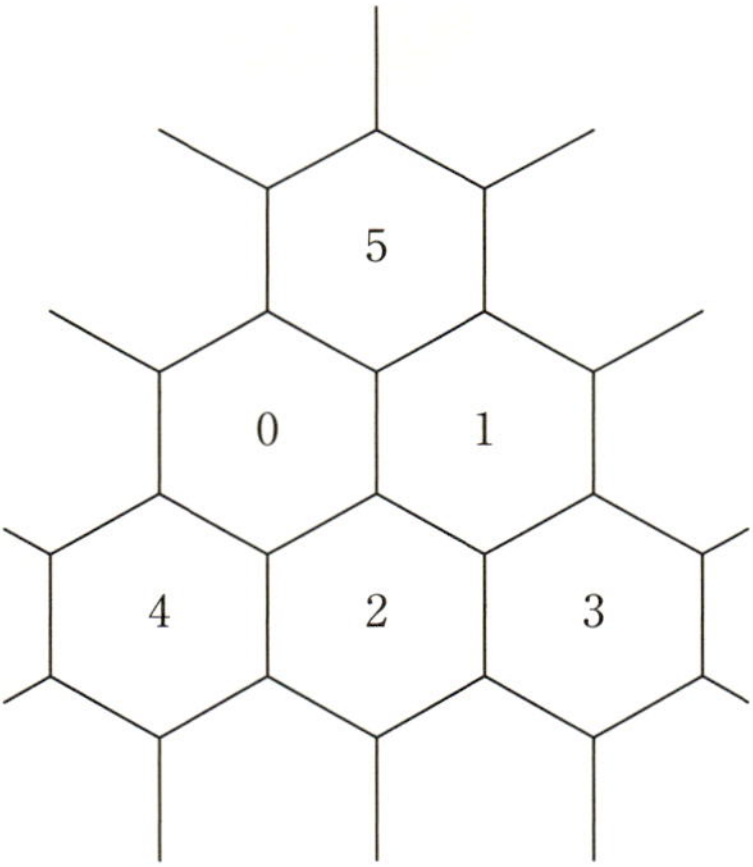

図4・23　亀甲型の国を並べる

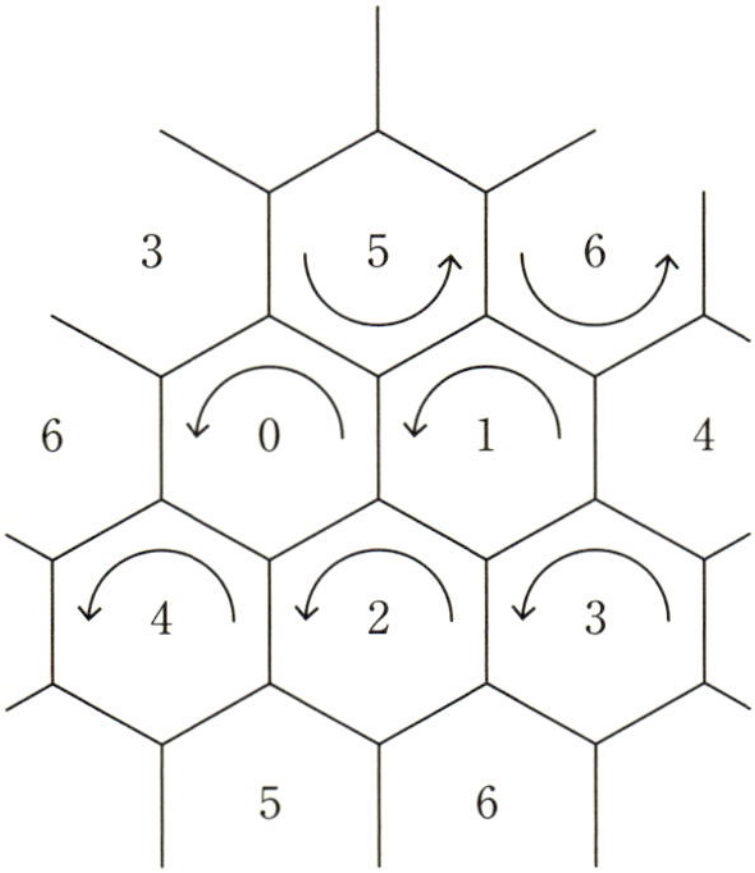

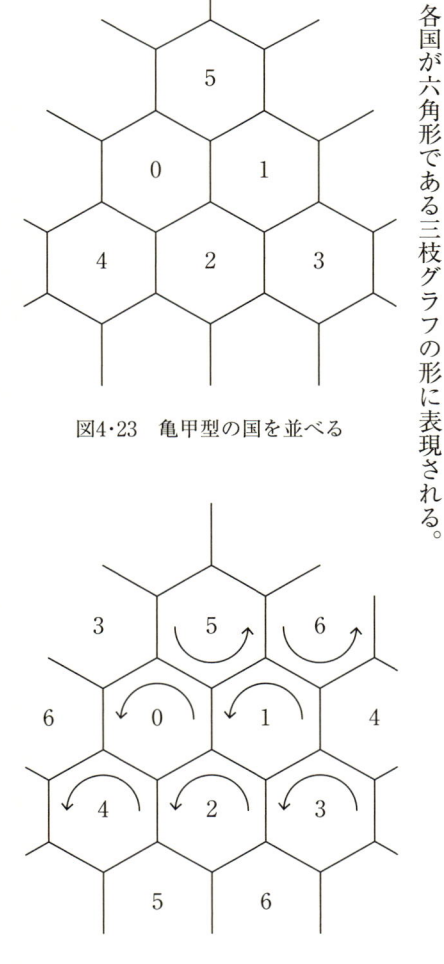

図4・24　クラインの瓶のためのつなぎ方

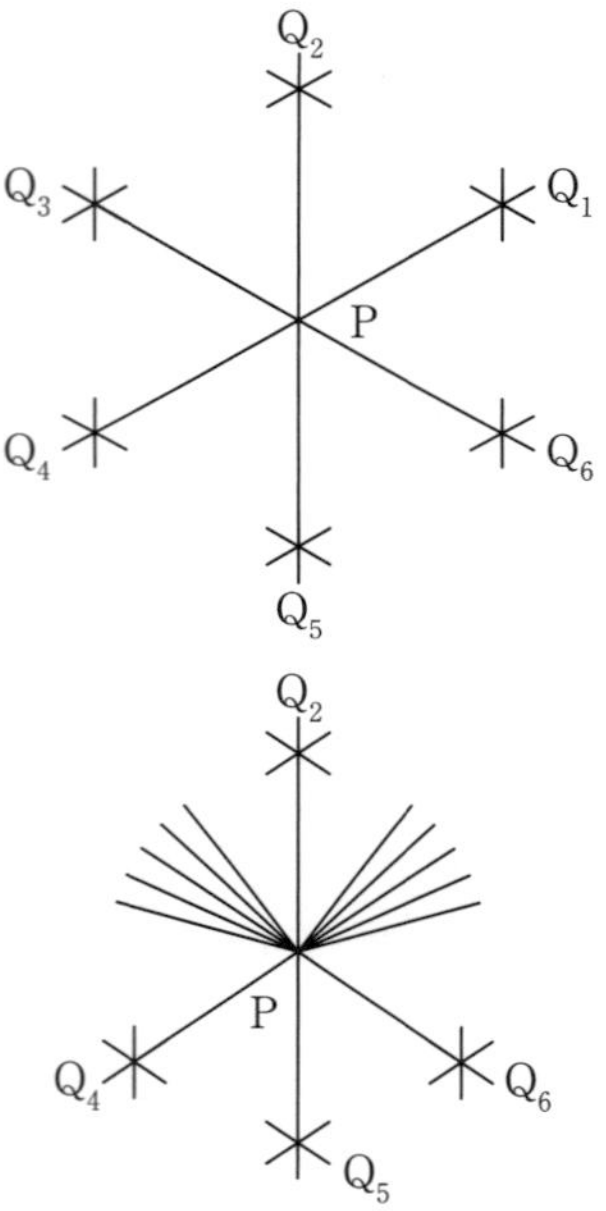

図4・25　クラインの瓶の六色塗り分け定理

したがって、亀甲型の国を並べた地図を考えればよい。辺の数から、図4・23の形の六ヵ国は、すべて相異なる国であることが示される。第七の国6がこのすべてに接するためには、鏡像を除けば、図4・24のような位置にこなければならない。さらにここで0と3、1と4、2と5とが境を接しなくてはならないから、その外側のもう一つの3、4、5のあるべき位置が定まる。

この各国に向きを考える。クラインの瓶であるから、どこか一対の相対する辺で、両側の面の向きが逆になる必要がある。ところが、図4・24で、そのようにすることはできないことが確かめられる。このままはり合わせれば、各面が全部同じ向きになって、普通の円環（正しくはねじった円環）になり、どうしてもクラインの瓶にはならない。ゆえにクラインの瓶上に完全七点グラフが描けないことになって、前半を終わる。

後半は、実際に六色で十分なことの証明である。すでにメービウスの帯の上に完全六点グラフが描かれた（図4・13）から、少なくとも六色必要である。五枝以下の点は、六色に対しては自明な可約配置だから、問題になるのは五枝以下の点がないときで、これは双対グラフに直したとき、すべての点が六枝点のときに限る。一点Pの隣りの六点Q_1、Q_2、Q_3、Q_4、Q_5、Q_6のうち、結ばれていない対、たとえば、Q_1、Q_3がある（なければ完全七点グラフが描ける）。

あとの論法は、62ページで示した定理とまったく同様である。国の数の帰納法により、n個より国数の少ない地図は六色で塗り分けられると仮定する。いまの形で一度P、Q_1、Q_3を合わせた国を六色で塗り分け、あとでPを復活させれば、Q_1とQ_3とが同色になり、Pの周の六ヵ国が五色ですんだから、残りの一色をPにわり当てれば、Pをこめた地図も六色で塗り分けられることになって証明を終わる。

ヒーウッドの数は必要か？

前にも述べたとおり、ヒーウッドは、h色あれば十分、ということは証明したが、本当にそれだけ必要か、ということは証明していなかった。彼の論文には、一見、h色が必要十分のように書いてあるが、よく読めば、必要なことが確かめられているのは、二、三の特別な場合のみである。このことは、すでに一八九一年にヘフター（L. Heffter）が注意し、向きづけられる場合、示性数が6までの曲面では、実際にそれだけが必要なことを示した。その後、多くの場合について、実際にh色が必要なことが示された。向きづけられない曲面についても、順次証明が進んで、一九四三年までには、線型連結度が7までの曲面についてクラインの瓶を除いて、実際にh色が必要なことがわかった。一九六〇年頃には、ほぼいつでもそうなるらしいと見当がついたが、本当に完全な証明が完成したのはもう少し後である。

四色問題と関連して、円環面上の「七色定理」は、本によく解説されているが、クラインの瓶上の「六色定理」に言及している本は余りみかけない。時代が新しいせいだろうか？　その意味でも、この章の扉のカットの漫画のように、クラインの瓶は一つのわなであったといえる。

いまふりかえってみてみると、フランクリンがヒーウッドの数に例外があることを発見したとき、なぜ、ただちにヒーウッドの数の反省が行われなかったのか、そして、必要性の確立になお三十数年もかかったのか。一つには、グラフ理論の進展がなかったからだろう。しかし、もしかするとこの発見の「タイミング」が悪かったせいかもしれない。

ところでフランクリンは、その論文中に、さらに注目すべき意見を述べている。円環面上の地図の塗り分けは、七色が必要十分だが、本当に七色いるのは、実は完全七点グラフ（の双対）を含む地図だけである。円環面上で、互いに接する七ヵ国がない地図は、六色で塗れる。——この事実も案外きちんと注意されていない。——とすれば、実は平面の地図も、本当は一般的に五色が必要十分なのだが、五色を要する地図は、きわめて特別なものだけであって、普通にわれわれの描く簡単な地図は、すべて四色で塗り分けられるために、四色問題が正しいように見え、る、の、ではなかろうかと。……

一般に曲面上の地図で、ある特別な形（具体的にはヒーウッドの数だけの完全グラフ）を含まなければ、もっと少ない種類の色で塗り分けられるか、という問題は、いまでも完全に解かれたとはいい難い。曲面上でも、各国が十分に細かくて、多くの国も集まっておらず、また少数の国の連鎖が曲面を分割しないように曲面を一周することがなければ、平面の地図と同じく四色で、あるいは少なくともヒーウッドの数よりも、ずっと少ない数の色で塗り分けられるのではなかろうかという、一種の「拡張された四色問題」も予想されている。もっとも、これらを意味のある数学の問題に定式化することは、それ自体一つの仕事であろうが――。

後年、四色問題のすぐれた解説を書いたコグゼター（H. S. M. Coxeter, The four-color map problem, 1840-1890, Math. Teacher 52巻, 1959年, pp. 283～289）も、これと似た意見（反例の存在の可能性）を述べている。

いまから考えれば、フランクリンの四色問題に対するこの見解は誤りであった。しかし、永年この問題を研究して、大きな貢献をした学者の経験に基づくこれらの意見には、味わうべき所が多い。また研究経過中の諸意見を最終結果だけから批判するのは、かえって非科学的だろう。

地図塗り分け定理の完成

さて、永らく「ヒーウッドの予想」として放置されていた一般の曲面上の地図の塗り分け定理の完全な（必要性の）証明を完成させたのは、インド生まれのヤングス（J. W. T. Youngs）とドイツ人ゲルハルト・リンゲル（Gerhard Ringel）とである。彼らは、一九六七年秋にカリフォルニアで落ちあい、共同研究の結果、一年ほどでこれを完全に解決した。リンゲルは「大変だったが、大いなる喜びの日々」と回想している。なお、その後、若干の改良（証明の簡易化）がされている。

この二人の一時期、息のつまるような共同研究の進展は、かなり詳しい記録が残されている。次の引用は、リンゲルの本の序文にある一九六八年三月一日付のヤングスの手紙の冒頭である。

「ゲルハルト君——。

昨夜、場合2、8、11の結果を再検討し、場合11の異常にエレガントな新解を得た、前日午後の楽しみを思いかえしたとき、しばらく研究を休んで歴史的記録を書いた方がよいと思った。

……」

この手紙はまだ長く続く。すぐあとにはその直後にインスピレーションがわいて、一つの場合が五分間で解け、同日の午後五時にはおめでとうと握手をしたことが記されている。

ここでいう**場合**nとは、示性数を12で割った剰余がn、すなわち示性数が12s+n（sは整数）の形の場合である。以前から示性数の12に関する剰余に従って、場合を分けるのが有効ということがわかっていた。そのうち、場合1、4、9のときがもっとも容易であり、次いで場合11、2、8ができた。向きづけられない曲面の場合は、二枚「はりあわせ」て、向きづけられる曲面に帰着させて証明する。

地図塗り分け定理に関する彼らの論文は、結局、「場合いくつのときの証明」という断片の集積として、一九六九年から七〇年にかけて小刻みに発表された。しかし、完成後リンゲルは、全部をまとめて解説書を書こうとして、ヤングスと連絡をとっていた矢先、一九七〇年夏に、ヤングスが突然になくなった。

その本は、結局、リンゲル一人の名で、ヤングス夫人にささげるとして、一九七四年にドイツの有名なシュプリンガー書店の「黄表紙」叢書の一冊として、"Map Color Theorem" と題して発行された。著者は、カリフォルニアでやった仕事だから、英語で書いたと弁解しているが、ドイツ人がドイツの書店から英語の本を出版するというのは、政策的な感がある。すなわち英語がほぼ唯一の国際共通の学術用語になったことである。

リンゲルの本は、「教科書」というよりも、むしろ地図塗り分け定理の完全な証明をていねいに記述してまとめた研究論文的な本である。全二〇〇ページ弱のうち、前半九〇ページほどが、曲面のトポロジー全般に関する準備や、この章に解説した古典的結果であり、後半の一〇〇ページ余りが、場合分けした定理の完全な証明である。この本は、平面（四色問題）以外の地図の塗り分け問題に関する、もっともよくまとまった本である。

この証明で、12の場合に分けて扱ったのは、多少便宜的なところもあるが、ともかく非常に多くの場合分けをして、一つ一つ丹念に調べる、という証明法をとっている。これをやむをえないと見るか、こういう問題の証明は必然的にそうなると見るかは主観の差だが、とにかく、いわゆる「エレガントな数学」からはかなり程遠い苦労が不可欠であった。

直接の関連はうすいにせよ、曲面上の地図塗り分け定理の完全な証明の成功が、四色問題の研究を刺激したことは、想像にかたくない。何といっても、平面（球面）以外がすべて解決し、最も簡単に見える平面のときだけが未解決のまま残っているというのは、数学者にとって、何とも皮肉な、またしゃくにさわる（？）話だからである。

以上で枝話の関連話題を終わる。次章からは、ケンペの誤りの修正によって、ついに四色問題の解決にいたる長い道のりを、たどってみよう。

第五章　バーコフからルベーグまで

――はるかなる登頂路

バーコフのダイヤと太陽
（図の太陽はバーコフ全集所載の
彼のらくがきをデザインしたもの）

四色問題の研究者

一九世紀までには、三体問題とか、フェルマーの問題といった歴史上有名な数学の難問に対して、まったく関心を示さなかった大数学者は、ほとんどいないといわれている。これに反して、二〇世紀に入ってから、四色問題を深く研究した有名な数学者は、逆にほとんどいない。その少数の例外として、バーコフとルベーグの名があげられる。ただし、どちらも四色問題の研究で有名なのではなく、他の業績で有名な大数学者が、四色問題の研究にも、なにがしかの寄与をした、という形である。

そのうちでも、とくにバーコフの研究は、いまふりかえってみると、四色問題への「はるかなる登頂路」を示した感じである。四色問題自体とは離れるが、バーコフの紹介の意味で、やや脇道にそれるが、彼の劇的なデビューから話を始めよう。

バーコフのデビュー

一九一二年の三月に、イタリアのパレルモ数学協会の雑誌に、当時「万能学者」として世界的に有名であったポアンカレ（Henri Poincaré; 1854〜1912）の論文『幾何学の一つの定理について』が掲載された。これは天体力学の研究中に生じた周期解の存在を示すための、ある定理を述べたものである。

厳密にいうと、この論文では、これは「定理」ではなかった。永年にわたって研究してきた一つの命題の「予想」を述べ、その重要性を説明したものであって、数学の論文としては、異例である。実際、ポアンカレは、パレルモ数学協会会長あてに懇請の手紙を添えている。当時ポアンカレは、健康の衰えを自覚したらしい（実際、ガンに侵されていて再起不能であった）。彼は死後、自分の永年の研究がむだになることをおそれ、自分がついに証明できなかったことを告白し、誰かがそれを完成してくれることを希望して、異例の論文を発表したわけである。すなわちこの論文こそ、正にポアンカレの「遺言状」であった。

図5・1　H. ポアンカレ（1854～1912）

ポアンカレの予感は、不幸にして適中した。同年七月一七日に彼はなくなった。一九一二年といえば、明治四五年であり、同月三〇日に明治天皇が崩御されただけに、日本の数学者にとっては、ダブルショックとでもいう月であった。

このような事情だったので、これはもしかすると何百年も解けない未解決の難問になるかと思われた、としても無理はない。ところが、事態は急

図5・2　G. D. バーコフ（1884〜1944）

転直下解決に達する。

ポアンカレの没後、わずか三ヵ月ほどの後、大西洋をこえたアメリカのハーバード大学での数学教室談話会において、同年一〇月に准教授として着任したばかりの、当時二八歳であったジョージ・デービッド・バーコフ（George David Birkhoff; 1884〜1944）という若い数学者が、「ポアンカレの幾何学の定理」という講演をすると発表した。多くの人々は、この問題を紹介して彼の抱負を語る、いわば「着任講演」かと思ったらしい。しかし、そこで述べられたのは、彼によるその証明であった。その論文は一〇月二六日付でアメリカ数学会に受理され、翌年一月に、その会誌に発表されて大騒ぎになった。今日この命題は、「ポアンカレの最後の定理」とか、「ポアンカレ＝バーコフの不動点定理」とかよばれている。

バーコフは、ポアンカレとは生前一面識もなく、文通したこともなかったらしいが、結果的には、「ポアンカレこそ、バーコフの真の師であり、バーコフこそ、ポアンカレの後を継いだ最大の弟子である」という関係になった。

図5·3　今日，数学界の世界的な中心の一つであるプリンストン高級研究所

不動点定理の証明にポアンカレが失敗したのは、アイディアの不足というよりも、老年と健康の衰えによる馬力不足のせいであり、バーコフの成功は、若さと開拓者のエネルギーの勝利であったという感がする。

これほど劇的なデビューは珍しい。大ポアンカレの遺題をわずか数ヵ月で解決したのだから、バーコフの名声は一躍高まった。とくに重要なことは、当時のアメリカは、政治的、経済的には一等国であっても、文化的には、まだヨーロッパにはるかに遅れた開発途上国であったという点である。

少し後のことになるが、今日、数学界の世界的な中心の一つであるプリンストン高級研究所も、けっして最初から世界一の研究所をねらったのではなかった。もとは独学で成功したある大金持ちのデパートの社長が、大学院を終えた学者の卵たちが、ヨーロッパに留学しなくてもすむよう、アメリカ国内に研究所を作ってほしいと、一九二〇年代に多額の寄付をしたのが始まりである。

学問のすべての分野をカバーするのはとても無理なので、比較的費用がかからぬ重要な基礎科学として、まず数学がとりあげられ、プリンストンに設置されたのが、その創設であった。ところが、まことに幸いなことに、このタイミングがじつによかった。ちょうど、その頃（一九三三年）、ナチスがドイツにおいて天下をとり、ヨーロッパから、とくにユダヤ人の優れた学者が相ついでアメリカに亡命した。そのため、プリンストン研究所は労せずして（？）アインシュタイン、ワイル、フォン・ノイマンといった超スターたちを招くことができ、ドイツの伝統をそっくり受けついで、たちまち世界一の座を得たのである。

実のところ、バーコフのこの研究は、数学の分野でヨーロッパ以外の土地から発表されて、ヨーロッパの先輩の数学者たちを驚倒させた世界最初のものといってよい。その意味で、「類体論」を発表した（一九二〇年）日本の高木貞治と似た立場にある。バーコフがしばしばアメリカ数学界の父として、いまでも深く尊敬されているのは、そのせいである。

後年、一九三二年に、数学のノーベル賞といわれるフィールズ賞が正式に制定されたとき、第一回の受賞候補者選考委員に、高木、バーコフ両先生がそろって選ばれたのも、けっして偶然ではない。そうした立場を考慮して、慎重に選ばれたのであろう。

このように記すと、彼はすばらしい天才という印象を受けるだろう。それを否定する気持ちはない。しかしその後の諸論文を見ると、彼はむしろ「努力の人」、「一生大人にならなかった我流を貫く人」という感が深い。「一を聞いて十を知る」才人という点では、イニシアルが似ているのでよく混同されるのだが、彼の息子のギャレット（Garrett Birkhoff; 1911～1996）のほうがずっとそういった印象が強い。

この父子をめぐって多くの面白い逸話があるが、当面の話題と縁が薄いので、紹介は以上に留める。

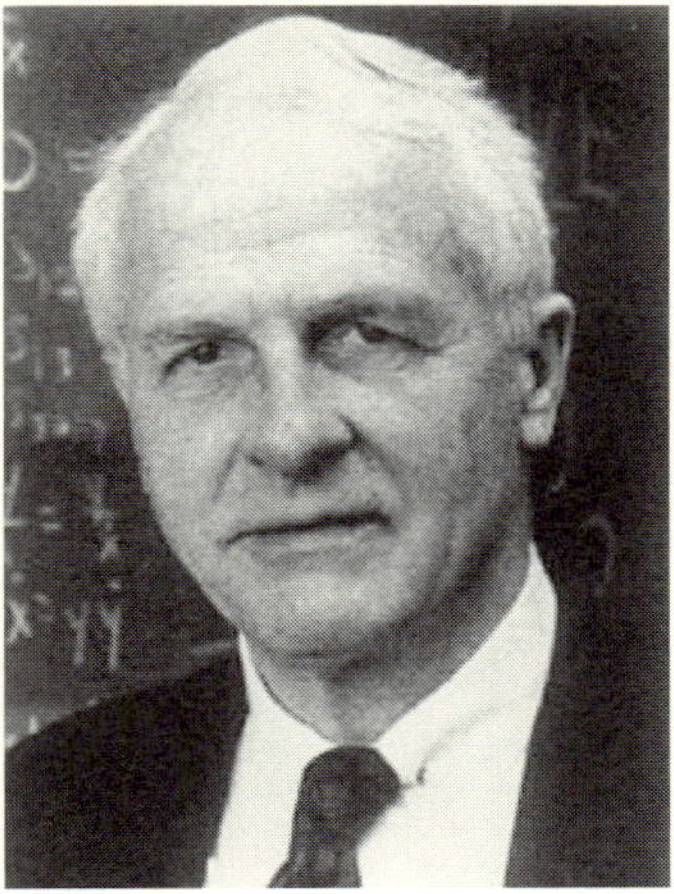

図5･4　ギャレット・バーコフ(1911～1996)

四色問題に対するバーコフの研究

少し脱線がすぎた。本論に戻ろう。バーコフは、ポアンカレの遺題で評判になった直後に、四色問題に関する次の論文を発表した(G. D. Birkhoff, The reducibility of maps, American Journal of Math. 35巻, 1913年, pp. 115～128)。

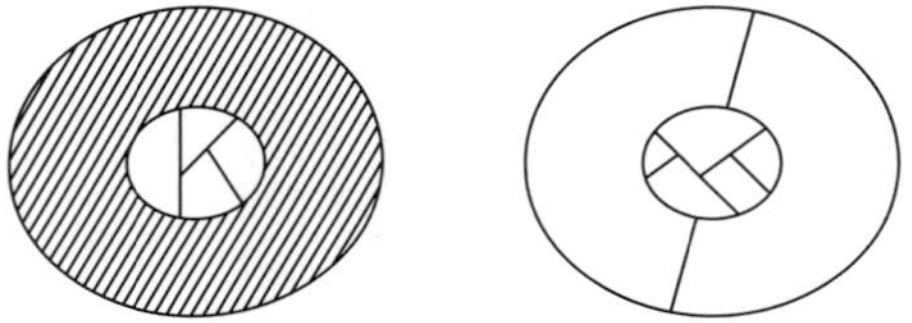

2　1

図5・5　環状列国

バーコフの四色問題に関する五編の論文中、これが最も重要である。この題でもわかるように主題は「可約配置」である。これは四色問題の研究に積極的に可約配置をとりあげた最初の論文と思われる。

バーコフは、ケンペの着想を受けつぎ、その誤りを正す方向として、可約配置を組織的に研究し始めた。そのために、環状をなす国の列に注目した。一ヵ国で他の国をとりまいている場合、たとえば、サンマリノ（イタリア半島の中にある世界で五番目に小さい国）を囲むイタリアのような場合には、内部の国を無視しても、塗り分けに影響はない（図5・5）。

二ヵ国、三ヵ国のなす環も同様である。その内に囲まれているのが一ヵ国でなくても、その内と外とで、もっと国の数の少ない二つの地図に分解できる。すなわち、その内部を無視した地図と、環状の国を含めた内部の地図とを別に考察して、あとで（必要なら色の名をあわせるように修正して）重ね合わせればよい（図5・6）。そのようにして国の数が減れば、還元ができたことになる。

バーコフは、この考察を進め、環状をなす四ヵ国に対しても、同様の分解と合成による還元が可能なことを示した。さらに環状をなす五ヵ国に対しても、ケンペ自身がひっかかった一つの五辺国を囲む五ヵ国の場合以外は、還元ができる配置であることをたしかめた。

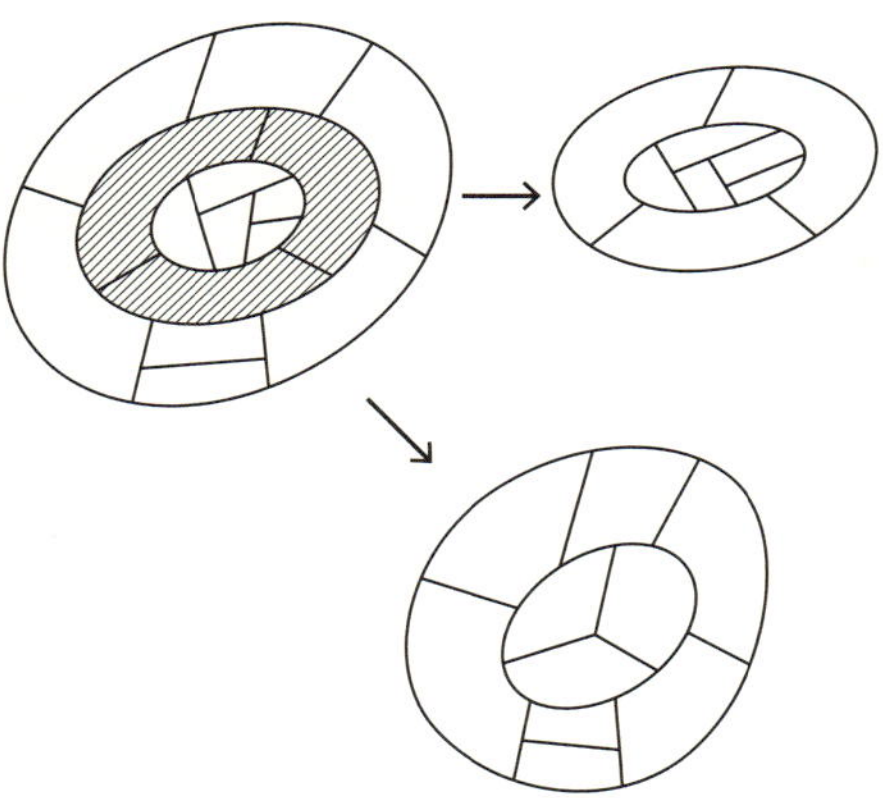

図5·6　環状列国に沿う分解

バーコフは、この考え方を、次第に多くの個数の環状国の列にのばしてゆくことにより、四色問題解決の道が開けるであろうと確信し、その手はじめとして、環状六ヵ国の場合の研究に着手した。そしてたとえば六辺国の周り全部に六辺国が並んだ亀甲型（図5・7）が可約であることを証明した。これは後に一般に六辺国ばかりで囲まれた偶数辺国の場合も同様、という形に拡張された。ただし、これは不可避集合ではないので、ハーケンらの図には含まれていない。それよりも、大きな発見は、後述の「バーコフのダイヤモンド」である。この名は後の愛称だが、そうよばれるだけの価値がある。

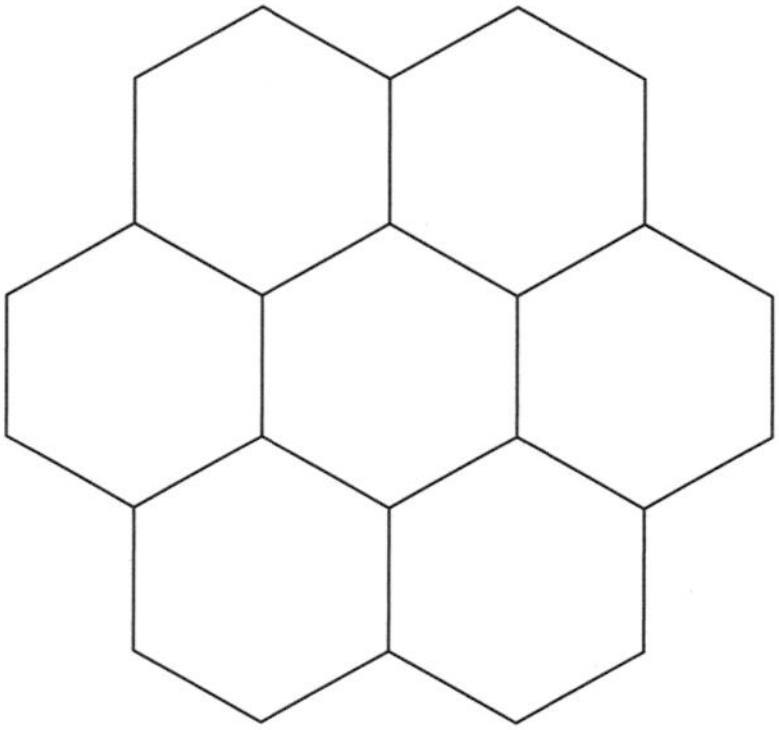

図5・7　亀甲型

環状をなすnヵ国は、双対グラフをとれば、サイクルをなすn点であるから、以下これを**n環状列点**とよぶことにする。

バーコフの見通し

ところで、少し先走るが、バーコフはこの論文の末尾で、四色問題研究の将来の可能性について、つぎの三者をあげている。

1. このような研究により、ついに有限個の可約配置からなる不可避集合が見つかって、肯定的に解決される。
2. 四色問題は正しくなく、反例が見つかる。
3. そのどちらでもない。すなわち、四色問題自体は正しいが、ケンペ流の方法では証明できない。

バーコフが、この相反する三者のうち、どれが一番可能性がありそうと考えていたのかは、はっきりしないが、「3」の可能性はうすいとみていたようである。彼の論文の書き方から推定すると、「2」の可能性が強く、しかも案外簡単に反例が見つかるのではないか、と想像していた節が見られる。

そのために、四色問題の最小反例の国の数から1引いたもの、すなわち、その数以下の国から成る地図は必ず四色で塗れる、という限界を、一部の学者は**バーコフ数**とよんでいる。バーコフ数は、もちろん4以上である。さらに四枝以下の点が可約であることと、五枝点ばかりなら、基本公式により少なくとも一二個あり、一二個の五枝点ばかりからなる図形は、正十二面体の展開図であって、それは四色で塗り分けられることから、バーコフ数は12以上である。このような自明な限界でなく、もっと大きな自明でない限界25を初めて与えたのは、バーコフの弟子のフランクリンである。フランクリンは、前章で述べたクラインの瓶上の地図の六色塗り分けを示したのと同一人物で、二〇世紀前半において、四色問題の研究にもっとも多くの成果をあげた学者と思われる。

バーコフの見通しは、いまにして思えば少し甘かった。しかし、「1」は後に「ヘーシュの予想」とよばれ、バーコフから六十数年後にその方向で、ついに解決したことを思うと、この論文は、はるかなる登頂路を示した四色問題研究史上の、大きな一里塚といえよう。

バーコフのダイヤモンド

バーコフのこの論文の他の大成果は、何度か名がでた**バーコフのダイヤモンド**の発見である。それは双対グラフでいえば図5・8、もとの地図でいえば図5・9の中央のABCDである。つまり、五辺国が四個菱形に並んだ配置である。もとの地図でいえば、四個の五角形で囲まれた辺（図5・9の中央の矢印をつけた辺）といってもよい。この形でAとDとは、同一の色で塗ってもよいことに注意する。

ケンペの場合と違って、複数の国からなる配置の可約性は、一色を余らせただけでは不十分である。実際、たとえばバーコフのダイヤモンドの周六ヵ国を二色で交互に塗ってしまうと、バーコフのダイヤモンド自身に別の三色を要するので、図5・9全体が四色では塗れなくなる。しかし、これは反例ではなく、「塗りそこない」である。この場合、A、B、C、Dを含めて四色ですむように外部の配色を修正できる（後述の証明に含まれる）。

これが可約なことの証明は、バーコフの論文には一ページ半ほどの概要が書かれているだけであるが、ほとんど根気だけで（?）できる。その周の六ヵ国E、F、G、H、J、Kを四色以下で塗り分けたとき、本質的に相異なるやり方は次の六通りである（E～Kの順に色を0、1、2、3で表現する）。

１２０１０２；　１２０２０２；
１２０３０２；　１２０１０３；
１２０２０３；　１２０３０３；

このうちあるものは、直接にA～Dに延長でき、結果的に図5・10の下図のような塗り分けになる。第二の１２０２０２はそのままでは延長できないが、ケンペの方法と同様の手法がきく。例えば国Hから始まる色2、3のケンペ鎖が国FかKに達しなければ、2、3を交換して延長可

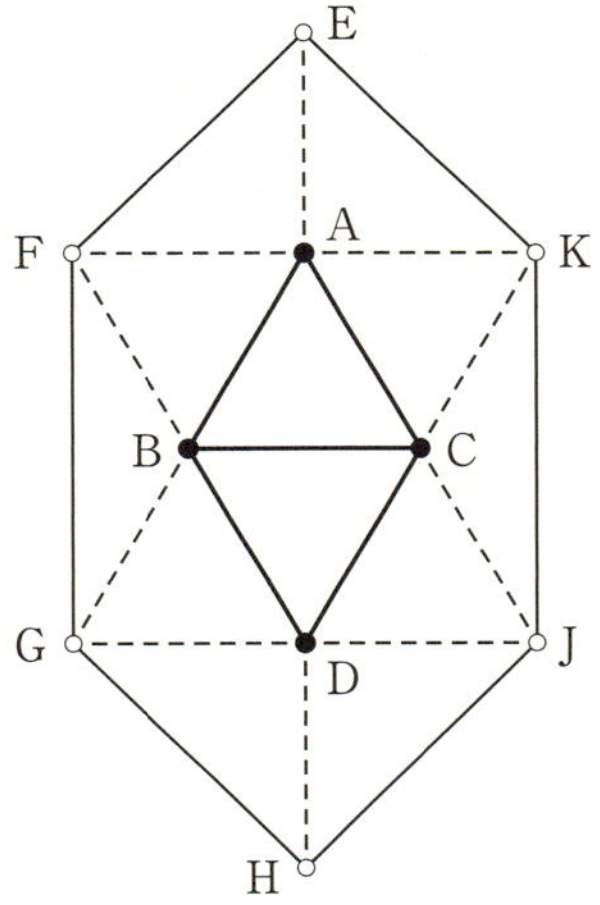

図5・8　バーコフのダイヤモンドの双対グラフ表現

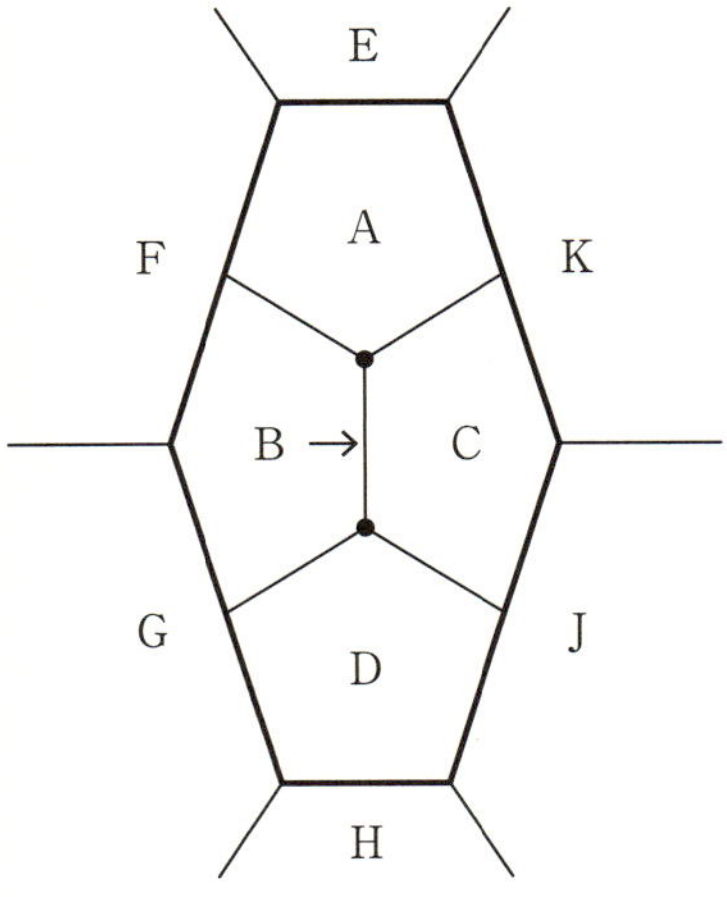

図5・9　バーコフのダイヤモンドのもとの形

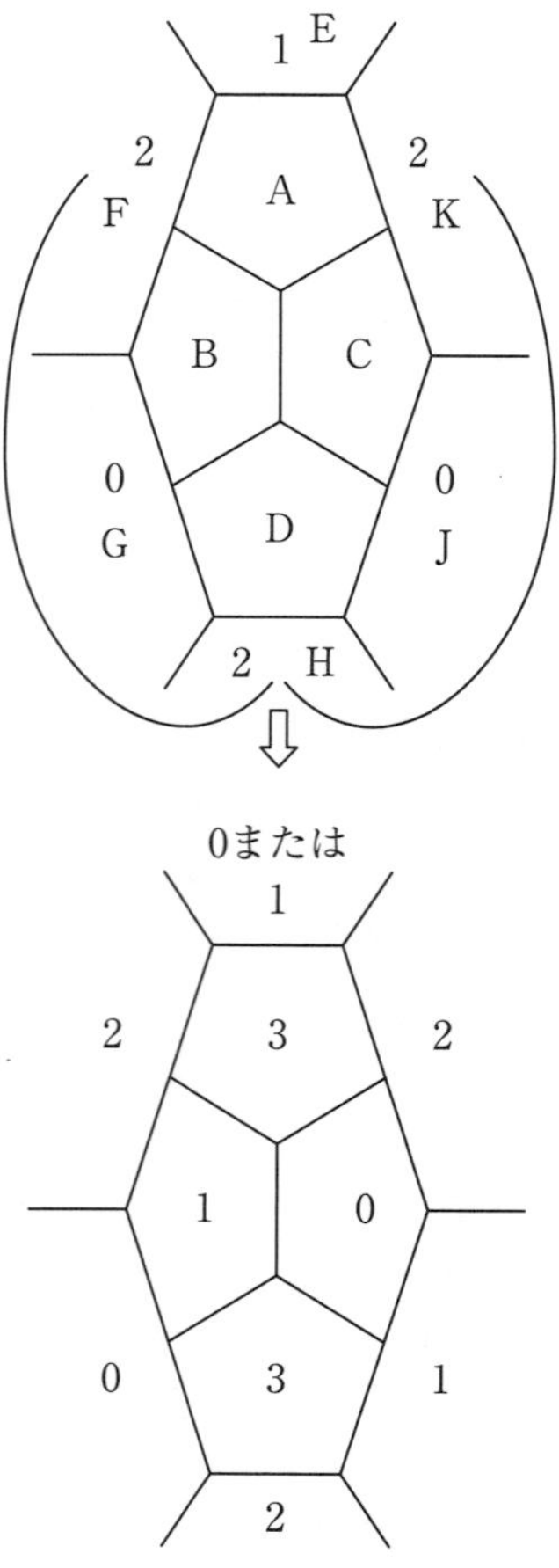

図5・10　四色塗り分けの延長

能な場合に帰着される。もし達すれば、国GかJかのどちらかから始まる色0、1のケンペ鎖の色を交換して四色塗り分けが延長できる。周囲六ヵ国が二色で交互に塗られた場合も、これと同様に修正できる。

以下のいくつかの可約配置も、原理的には同様の方法で証明できる。しかしその手間は急増する。検討が不可欠と思われる一四ヵ国の環状配列では、数千万個の場合分けが必要な例もある。そうなると計算機による支援が必要になる。

フランクリンの研究

バーコフの弟子フランクリンは、新しい可約配置を発見し、バーコフ数が25より大きいこと（二五ヵ国までの地図は四色で塗り分けられること）を示した。その論文は、Philip Franklin, The Four Color Problem, American Journal of Math. 44巻, 1922年, pp. 225〜236 である。この結果は、ヒーウッド以後の四色問題の研究成果のうち、通俗解説書によく引用されたほとんど唯

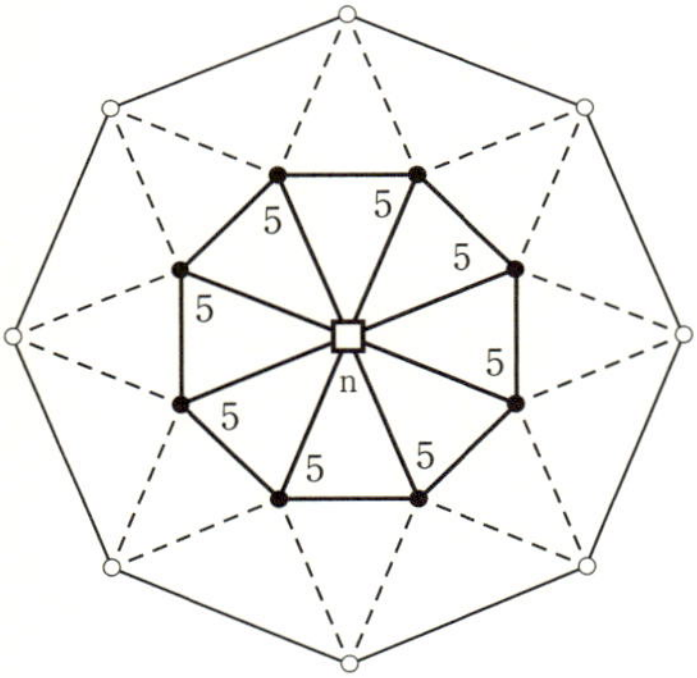

図5・11　五枝点で囲まれたｎ枝点

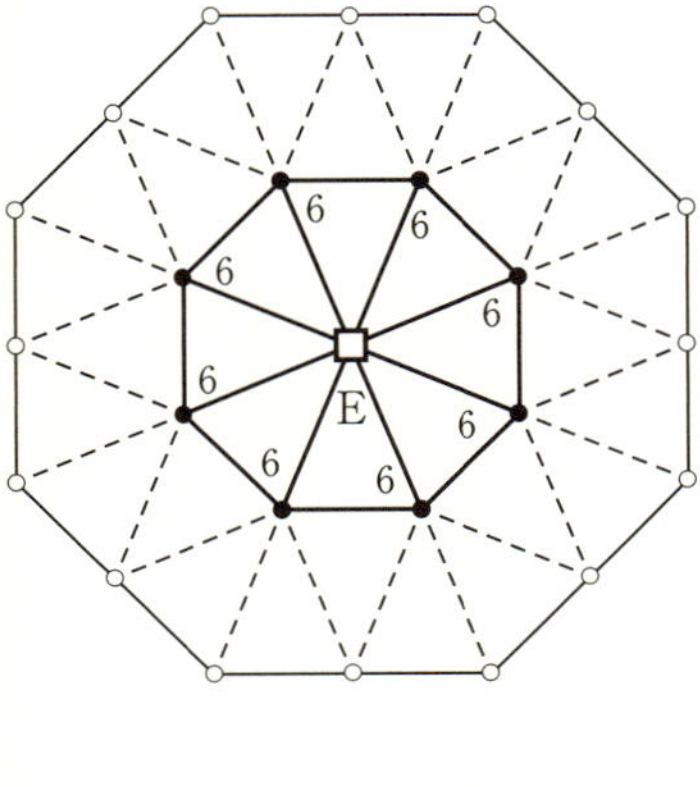

図5・12　六枝点で囲まれた偶数枝点

一のものであるが、その証明までを紹介している本はほとんどない。まして、「四色塗り分け可能」ということよりも、国の数の少ない地図に「還元可能」だというほうが本質的だと明言している本は、余りなかった。

ここでもその証明の詳細に立ち入る余裕はないが、大体の方針を解説しておこう。数式の嫌いな方はとばしてもよいし、ものたりない方は、各自で補って完全な証明にしてほしい。要するに、それまでに知られた可約配置を一つも含まない地図があるとすると、全体の国の数がある限界以上になることや、限界ぎりぎりの地図はありえないことを証明するものである。限界の値が20くらいでよければ、もっと簡単に導かれる。

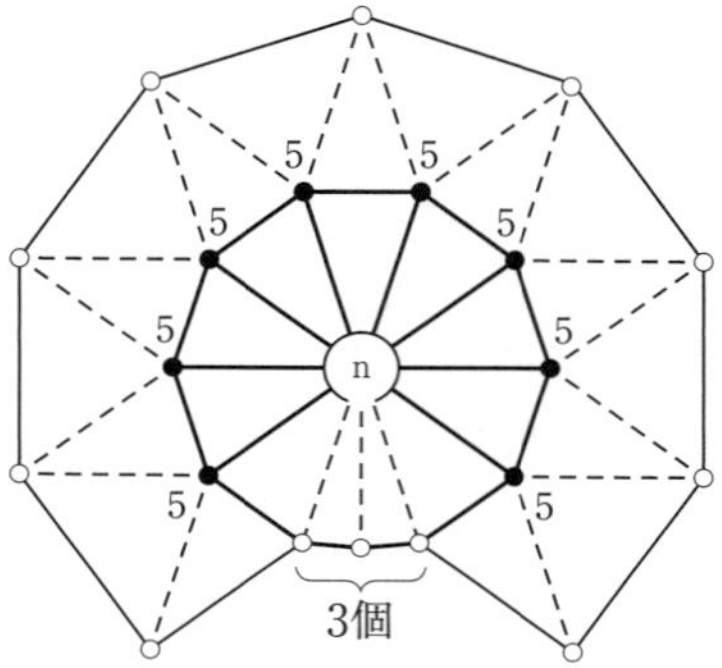

図5・13　拡張された王冠型

バーコフもフランクリンも双対グラフにせず、もとの国の地図のままで扱っているが、ここでは後の都合上、双対グラフに訳して説明する。

この論文以前に知られていた可約配置は次のものであった。

1. 四枝以下の点、および四以下の環状列点。

2. 五枝点の周以外の五環状列点。
3. バーコフのダイヤモンド（四つの五枝点）。
4. 五枝点で囲まれたn枝点（図5・11）。
5. 六枝点で囲まれた偶数枝点（図5・12）。

フランクリンは、まず、この「4」の周を（n－1）個の五枝点と拡張した。次に「3」において、中央の五枝点（図5・8のBかC）の一方が六枝点でもよいことを示した。後になって、この両者は、n枝点（n≧6）の周のうち、相続く（n－3）個が五枝点という王冠型に拡張統一された（図5・13）。この中央が六枝点のときは、「3」の拡張にもなる。このnが6のとき（フ

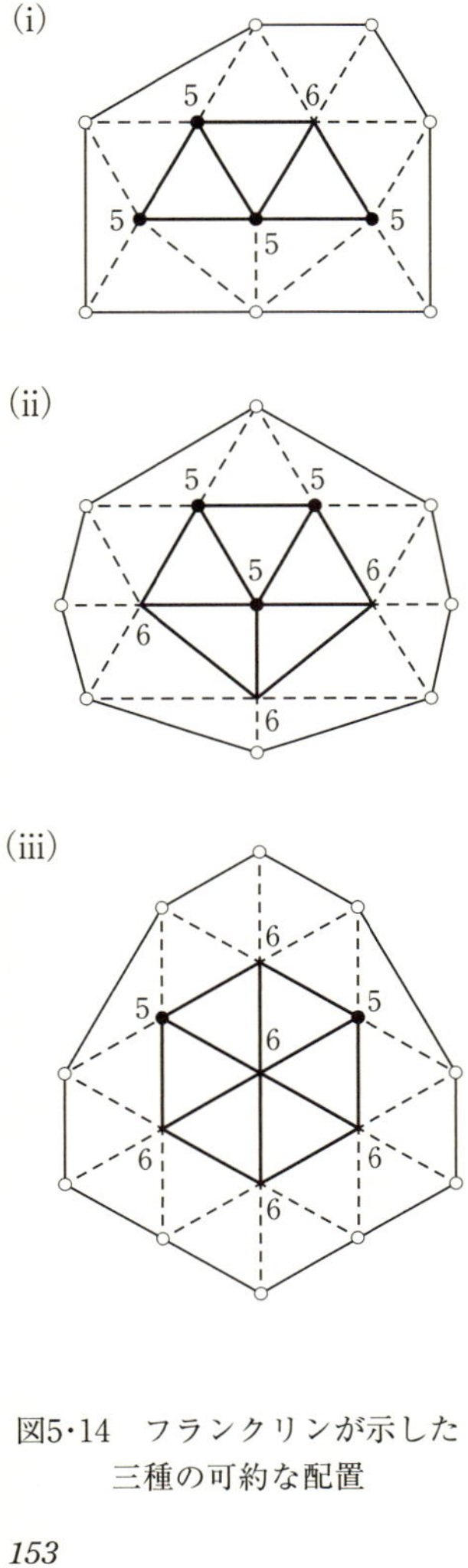

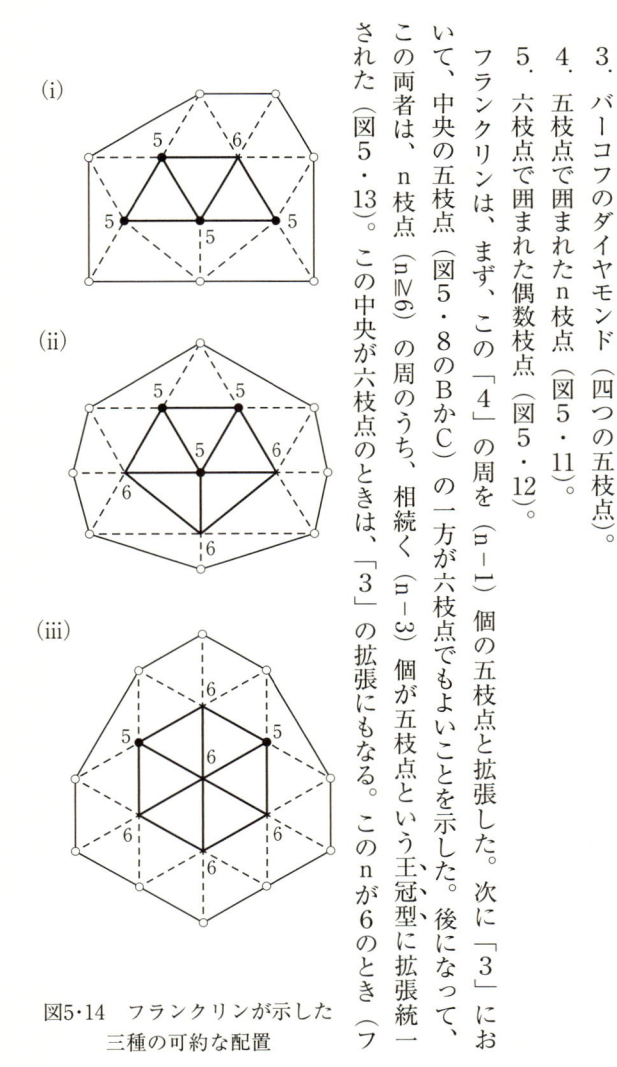

図5·14　フランクリンが示した三種の可約な配置

ランクリンのゆがんだダイヤモンド）は、ハーケンらの最終解決の表での、第二番目の可約配置である。そして、nが11までの図5・13の配置が、すべてその表中に利用されている。

フランクリンはさらに、図5・14に示した三種の配置が可約であることを示した。この(i)はいわば「鉄橋」型であるが、後にタイアス（Tias）が、上部の点が両方とも六枝点でも可約であることを示した。その「タイアスの鉄橋」型は、ハーケンらの表に含まれている。また、図5・14(iii)の五枝点二個は、必ずしも図のような位置でなく、その周のうち、二個が五枝点、他がすべて六枝点ならよい。(ii)は、後にこの周の一個だけが五枝点、またはすべてが六枝点でも可約であることがわかり、これもハーケンらの表に含まれている。

少しとぶが、第二次大戦後一九四八年に、ベルンハルト（A. Bernhardt）は、六環状列点の可約性を徹底的に吟味し、バーコフのダイヤモンドの中央を両方とも六枝点にした配置（図5・15）も可約であることを示した。これがハーケンらの表の第三のものだが、これは別種の可約配置だった（次章参照）。この発見で図5・16の双対グラフ内に小さい可約配置が多数確認された。この図は、そのままではわかりにくいが、図5・17に示したサッカー・ボールの表面（五角形一二個、六角形二〇個）を地図と見たものの双対グラフである。直接に四色で塗り分けはできるが、それまで理論的に扱いにくかった地図であった。読者諸氏は、この四色塗り分けを試みるとよい。

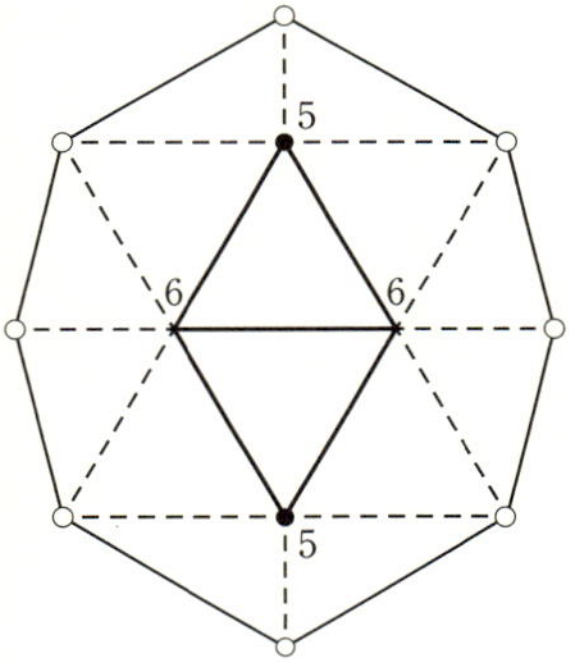

図5·15　ベルンハルトの配置

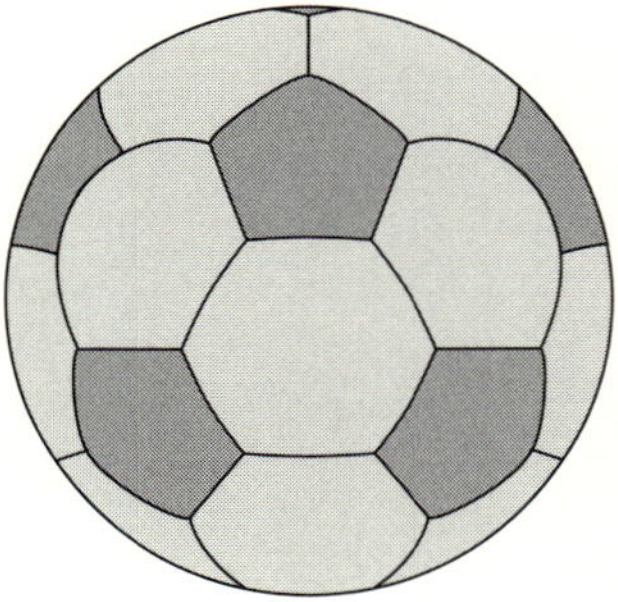

図5·17　サッカー・ボール

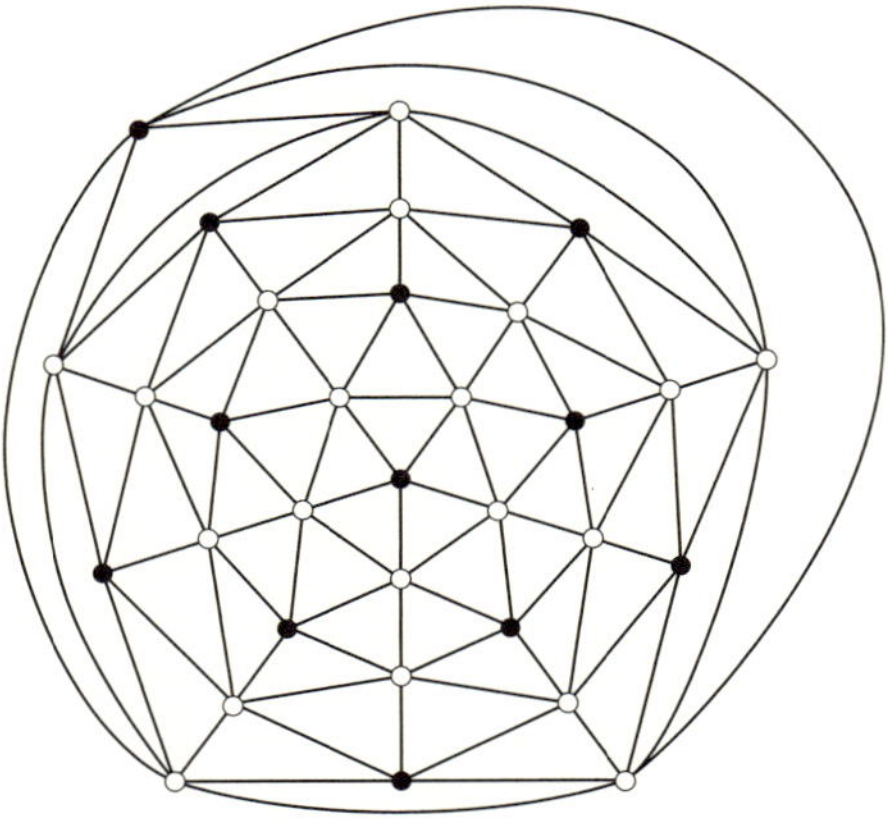

図5·16　サッカー・ボールの地図。•五枝点，◦六枝点

これらの可約性の証明は省略するが、フランクリンの得たものは、いずれも必要に応じてケンペ鎖に沿う色の交換をするという、在来の方法で証明できる。

フランクリンの評価

以下、これらをまったく含まない地図が少なくとも二六ヵ国を含むことの証明の概要を述べる。これを解説するのは、この種の評価の細かい技法の実例というつもりである。

第二章の初めの記号により、n枝点の数をV_nとする。仮定と基本公式により、まず、

$$V_2 = V_3 = V_4 = 0, \qquad V_5 = 12 + \sum_{n \geqq 7}(n-6)V_n \qquad (1)$$

である。また、可約配置を含まないので、各n枝点の隣りに、少なくとも二個の六枝以上の点がある。これにより枝の数を比較して、不等式、

$$\sum_{n \geqq 6} nV_n \geqq 2V = 2\sum_{n \geqq 5} V_n = 2V_5 + 2\sum_{n \geqq 6} V_n \qquad (2)$$

を得る。これに(1)を代入すると、不等式、

$$\sum_{n \geqq 6}(n-2)V_n \geqq 24 + \sum_{n \geqq 6}(2n-12)V_n$$

すなわち、

$$\sum_{n\geqq 6}(10-n)V_n \geqq 24 \qquad (3)$$

を得る。

つぎに、V_5をさらに細分して、その隣りに七枝以上の点がないもの、それが一点あるもの、二点以上あるものの個数をそれぞれ、$V^0{}_5$、$V^1{}_5$、$V^2{}_5$とする。同様にV_6のうち七枝以上の点が隣りにないものと、あるものの数をそれぞれ$V^0{}_6$、$V^1{}_6$とする。この定義から、ただちに、

$$V_5 = V^0{}_5 + V^1{}_5 + V^2{}_5, \qquad V_6 = V^0{}_6 + V^1{}_6 \qquad (4)$$

$$\sum_{n\geqq 7} nV_n \geqq V^1{}_5 + 2V^2{}_5 + V^1{}_6 \qquad (5)$$

がわかる。一方、前出の可約配置がまったく含まれないので、たとえば、$V^1{}_5$、$V^2{}_5$の型の点の隣りには、六枝以上の点が二個以上ある。このような考察を進めて、これらを総合すると、最後に不等式、

$$\sum_{n\geqq 6} nV_n \geqq 4V^0{}_5 + 3V^1{}_5 + 2V^2{}_5 + 3V^0{}_6 + 2V^1{}_6 + 2\sum_{n\geqq 7} V_n \qquad (6)$$

が得られる。
不等式(5)と(6)を加えて、(4)を使うと、

$$\sum_{n\geqq 6} nV_n + \sum_{n\geqq 7} nV_n \geqq 4V_5 + 3V_6 + 2\sum_{n\geqq 7} V_n \qquad (7)$$

となる。両辺から$6V_6$を引いてまとめると、

$$2\sum_{n\geqq 7}(n-1)V_n \geqq 4V_5 - 3V_6 \qquad (8)$$

を得る。V_5に(1)を代入すると、

$$2\sum_{n\geqq 7}(11-n)V_n \geqq 48 - 3V_6 \qquad (9)$$

となる。これで必要な不等式はそろった。
ここで、もしV_6が2ならば、(3)から、

$$3V_7 + 2V_8 + V_9 \geqq 24 - 4V_6 = 16$$

であり、七枝点以上が少なくとも六個あるから、(1)によりV_5は18以上で、合計26点以上になる。V_6が0か1ならば、V_7は7以上、したがって、V_5はなお増えて27点以上になる。ゆえに全体で25

点以下なら、$V_6 \geqq 3$である。一方、V_7以上が合計4なら、(9)から$3V_6 \geqq 16$となり、V_6が6以上、V_5が16以上で、総計26点以上となる。V_7以上が4以下なら、総計はさらに増える。こうした考察を不等式(3)と(9)に行うと、最小の点数Vは、

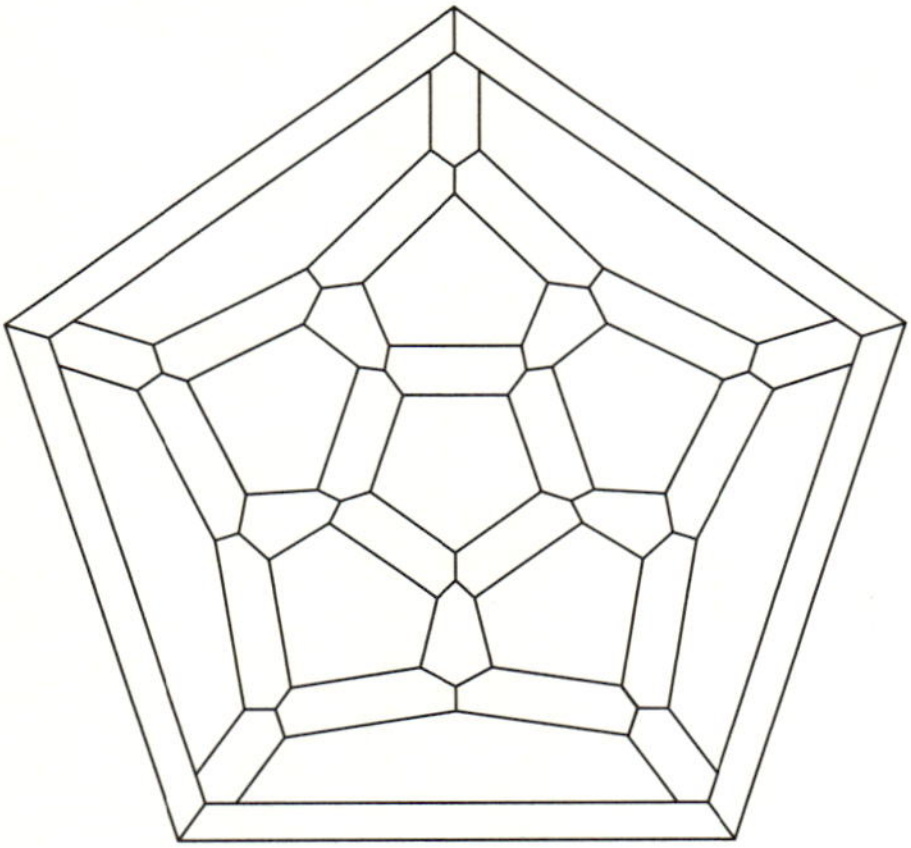

図5·18　フランクリンの論文に登場する42ヵ国からなる地図

$$V_5 = 17,\ V_6 = 3,\ V_7 = 5,\ V = 25 \quad (10)$$

のときに限る。しかし一般に八枝点以上を含まず、前出の可約配置をまったく含まない地図については、もう少し詳しい不等式、

$$4V_6 + 10V_7 \geqq 4V_5$$

が示される。(10)はこれに合わない。したがって、25点までのグラフは必ず可約配置を含んでいる。

いいかえれば、二五ヵ国以下の地図には、必ず前出のどれかの可約配置が含まれること

図5・19　H. ルベーグ（1875～1941）

になり、四色塗り分けについては、国の数の少ない地図に還元される。これをくりかえせば、ついに四色で塗り分けられることが証明される。これからもわかるが、さらに新しい可約配置が見つかれば、それを活用することによって、25というバーコフ数の限界をさらに上げることができる。

しかし、フランクリンは、この限界を、あまり上げられないのではないかと考えていた節がある。彼は同じ論文中に、図5・18のような、四二ヵ国（外部も国に含む）からなる地図を（もとの形で、すなわち双対グラフにしない形で）示している。この中には、その当時まで知られていた可約配置がまったく含まれていなかった。つまり四色で塗り分けられることが、当時の理論では証明できなかった。

もちろん、この地図自体は四色で塗り分けられる。さらに若干の条件を付加しても可能である。これはサッカー・ボール（図5・17）の一変種であり、塗り分けには、たとえば第三章で述べたテイトの算法が有用である。この地図中に多くの小さい可約配置が見つかり、これもケンペ流の理論の枠内に組み込まれたのは、前述のベルンハルトの研究以後のことである。

それ以後の研究の主流は、さらに多くの国の環を考え、新しい可約配置を発見することに向けられた。たびたび述べたとおり、結局、この根気のいる地味な作業が、解決へとたどりつくほとんど唯一の細道であった。実際、このようにして確実にバーコフ数の限界は上がり、第二次大戦直前に36、一九六〇年代末に52、そしてハーケンらの解決直前には96に達した。ハーケンらは、バーコフ数の限界を窮極の無限大にまで引き上げて、四色問題を解決したとも考えられる。

ルベーグの研究

ルベーグ（Henri Lebesgue; 1875〜1941）は、**ルベーグ積分**の名で非常に有名である。しかし、彼自身は、もともと幾何学者であって、ルベーグ積分も、もとは「面積」とは何か？という根本的な反省から生じた研究（学位論文）なのである。

彼はなくなる少し前に次の論文を発表した。

Quelques conséquences simples de la formule d'Euler, J. de Math.（9）19巻, 1940年, pp. 27〜43.（オイラーの公式の簡単な若干の結論）

余談ながら、この巻数は、同誌第9シリーズ（一九二二年以降）の第19巻という意味なのだが、アッペル＝ハーケンの論文の引用には、ただ9と、あたかも第9巻であるかのように書いてあるため、さがすのにてこずった人が多いと聞いている。

この論文は、実のところ、ルベーグの晩年のてすさび（?）といった印象である。彼の生涯を通じての大論文の一つでもないし、また四色問題の研究に、画期的な新着想を示したものでもない。ただし、四色問題の研究は、歴史的にイギリス、アメリカが盛んで、ドイツがこれにつぎ、フランスからは、ほとんどめぼしい研究がでていなかったので、珍しく（?）フランスからでた注目すべき論文とはいえるかもしれない。

その内容は、それまで比較的無視されていた不可避集合について研究し、いくつかを新しく示したものである。これをとくにとり上げたのは、第二次大戦の初期にでたこの論文が、何か一つの時代区切りのように思われるからである。

ルベーグの結果のうち、とくに重要なのは、フランクリンが示した不可避集合の一つである、五枝点に二個の離れた六枝点が隣接するとき（前述図2・19の左）、その中間に七枝点がある（図2・19の右）形としてよいというのを示したことである。そのほかルベーグは、多くの不可避集合をあげている。これらはすべてその標題のように、オイラーの定理から初等的に証明されるものである。ルベーグは、ウェルニケとフランクリンの論文しか引用しておらず、この論文でも四色問題の解決をどのくらい意識していたのかはっきりしない。しかし、この論文が次章で述べるヘーシュに、刺激を与えた節がある。

ところで、現在ふりかえってみると、第二次大戦中にも、四色問題の研究は、少しずつだが進展していた。すなわち、いくつかの新しい可約配置が見つかっている。しかし、解決につながる新発展は、第二次大戦後のヘーシュの研究に始まると思うので、このへんで一応二〇世紀前半の研究の展望を終わる。最後に直接の関係はうすいかもしれないが、一九三〇年代に、数学の基礎をゆり動かした一つのショックに一言しよう。

決定不能問題

おそらく、たいていの方は、数学の問題（命題）は正否がはっきりしていて、正しく定式化されれば、いつかは正しいことが証明されるか、あるいは反例が作られて正しくないことが示されるか、そのいずれかであろうとお考えだろう。実際、ヒルベルトが数学基礎論を考えたときは、そういう信念で出発したらしい。ところが、一九三〇年代になって、そういった「素朴な信仰」が正しくないという衝撃的な事実が発見された。今日、ゲーデル（Kurt Gödel; 1906～1978）の**不完全性定理**といわれる結果がそれである。大ざっぱにいえば、無矛盾である公理系の内では、真とも偽とも判定できない、すなわち真と仮定しても偽と仮定しても矛盾を生じないような命題がある、ということである（第一不完全性定理）。そういう問題を**決定不能問題**という。その結果、「その体系が無矛盾である」という命題は、その中では証明できない（第二不完全性定理）。比喩的にいえば、「自分自身が無罪ということは、自分だけでは原理的に確証できない」という感じである。

この本は数学基礎論の本ではないから、この解説には深入りしないが、このショックのあと、一部の学者は、昔からの難問題のあるものは、実は、「決定不能問題」なのではないか、と真剣に考えるようになった。事実、連続体仮説や選択公理などのように、その後決定不能ということが証明されて、「解決」された難問もある。しかし、以前には未解決の難問の典型例とされたフェルマーの問題とか、四色問題とかが、果たして「決定不能」であろうか？

図5·20　K. ゲーデル（1906～1978）

「フェルマーの問題」（最終定理）すなわち、nを2より大きい整数とするとき、

$$x^n + y^n = z^n$$

は、x、y、zが真に正である整数解をもたないであろうという予想は、ワイルズ（Andrew Wiles）によって一九九四年に解決を見たが、それ以前に「これは決定不能問題」だという論文を発表した人がいる。四色問題でも「決定不能問題」だと主張した人があった。しかしこのよう

な問いかけ自体には、大半の数学者は関心を払わないと思う。

ただし、もしも決定可能であっても、それを結論するまでの道筋（証明）がものすごく長くて、容易に書き下せない、ということはあるかもしれない。そのほうがむしろ普通の数学者の関心をよびそうである。実際、四色問題の解決は、ふりかえってみると、それに近かったといえる。

なお、ゲーデルは、本書の初版を執筆中の、一九七八年一月一四日になくなられた。つつしんで冥福を祈りたい。ゲーデルの不完全性定理に関しては、多くの優れた解説書があるので、これ以上言及しない。

第六章　ヘーシュの執念

――放電法の開発

放電法の執念　雷となる

ヘーシュの登場

ヘーシュ（Heinrich Heesch: 1906〜1995）は、一九三六年頃から四〇年間にわたって、ほとんどその一生を四色問題の研究にささげた数学者である。彼は、幾多のすぐれた着想を出し、それらは実際に四色問題の解決にあたって、決定的な役割を果たした。彼の向かった道は、正しく解決への方向をさしていた。実際、彼の執念ともいうべき粘り強い研究がなかったら、四色問題の解決はずっと遅れただろう。

実のところ、最終解決者がヘーシュ自身、あるいは彼とその弟子のハーケンとではなかった点で、いろいろとこの師弟間の葛藤（かっとう）（?）の噂がある。それには単に現在の科学研究の激烈な一番乗り・優先権争いだけでは済まない面もあるらしい。しかしそれらの穿鑿（せんさく）は無用と思う。ヘーシュの研究は発表が遅れたという批判もあったが、一九六九年にドイツ語で『四色問題の研究』と題して出版され、最終解決への「ベースキャンプ」となった。

一説によると、ハーケンらの論文をもっとも丁寧に、かつ批判的に読んだのはヘーシュであり、彼が文句をいわないのは、その研究が正しいことの有力な証拠だという。いささか皮肉な見方であるが、案外真相を穿（うが）っているのかもしれない。

ヘーシュは初めキール大学、後にハノーバー大学の教授となった。キール時代の弟子の一人が、これまでにも何度か名をあげた四色問題解決者の一人であるハーケン（Walfgang Haken; 1928〜　）である。以下、この章ではヘーシュの数多くのアイディアをながめよう。

ヘーシュは、ケンペ以後（おそらくは、バーコフ以降）、「有限個の可約配置からなる不可避集合がある」こと、そして、それを発見することで、四色問題が解決できるとかたく信じた第一人者であった。だから、この「　」内の命題は、現在ではしばしば**「ヘーシュの予想」**とよばれる。これは四色問題よりも強い命題である。しかも、彼はそれがおよそ数千個から一万個くらいの有限集合として求められるだろうと見当をつけた。この見込みは、ほぼ正しかった。しかし、そうだとすると、これを実際に求めることは容易ならぬ仕事である。

図6・1　H. ヘーシュ（1906〜1995）

放電法の改良

放電法については、簡単な実例をすでに第二章で述べた。これは理論的にはオイラーの定理に基づく基本公式の応用にすぎないが、ヘーシュが発案して、四色問題の研究、とくに不可避集合の構成に、決定的な役割を果たした技法である。

その着想は、歴史的にはウェルニケやルベーグの論文にも萌芽が見られるし、さらに一九四二年にでたチョイナツキ（C. Chojnacki）の論文にも同様の考えがあった。しかし、これを徹底的に活用した元祖は、ヘーシュ自身である。

放電法を実行する場合、一単位の電荷を分割して動かし、正負中和させる必要がある。その折に分数を扱うのは、不可能ではないまでも、やっかいであり、小数にすると、たとえば三分の一が0.333になって、三倍しても1と差を生ずるといった微妙なくい違いが起こる。ヘーシュは、三分の一や五分の一という分数はよく使われるが、七分の一などは、ほとんど（結果的にはまったく）使われないので、電荷の単価を六〇単位として扱った。したがって、第二章で例示した数値は、すべて六〇倍になる。これは単に計算の便宜上にすぎないが、やってみると、六〇進法の有用性を痛感する。ただし、ハーケンらの最後の放電手順では、ほとんどが五単位の整数倍の中和になっている。

第二章で述べたような一回だけの放電で求められる配置は限られている。とはいえ、ヘーシュは、まず六枝点、七枝点のない双対グラフ（三角形分割）に対して、当時までに知られていた二〇種の可約配置を含まないものについて、五枝点の正電荷を隣接する八枝以上の点に等分して与えたとき、過充電が生ずるのは、一六種の特別な配置に限ることをたしかめた。ついで、第二回目の放電で、それを隣接点と中和させると、すべての場合について正電荷が消えてしまうこと、したがって、平面地図では、それらはありえないことを示した。これは六枝点、七枝点のない双対グラフは必ず可約配置を含み、四色問題の最小反例にはなりえないという重要な結果を示すものである。ただし、これを六枝点、七枝点（もとの地図では六辺国、七辺国）のない地図は四色塗り分けができる、という定理だと早合点してはいけない。可約配置を除いて還元すると、六辺国、七辺国が新たに生ずるかもしれないからである。

ヘーシュは、一九七〇年頃に、ハーケンからの質問に答えて、一般の地図において、可約配置を含まないもので、第一回目の放電によって過充電が生ずる場合は、合計およそ八九〇〇個ほどあるといって、その全部の図を示した。これは無限にある地図のうち、これだけを考えればすむという意味で、「四色問題の有限化」とよばれた。これにさらに第二回目の放電を施して、正電荷が消えるものを捨て、正電荷がどうしても残るものについて、あらためて可約配置を調べてゆけば、大変ではあるが、どうにか四色問題の解決に、たどりつけそうである。しかし、相手が八九〇〇個では、一つ一つ調べてゆくのには、いささか大きすぎる。仮に計算機で、一つ平均三〇分で処理できたとしても、合計四千数百時間かかることになる。これは不休で連続運転しても、半年かかる量であって、絶望的である。

そこで、ハーケンは放電手続きの改良を工夫した。とくに予備的な六、七枝点のない場合にはヘーシュ自身のよりもはるかに少数の数個の場合分けのみで、同じ結論を示すことができた。

ハーケンは、この成功に力を得て、一般の場合にも、放電手続きのいろいろな改良を工夫した。次章で解説するように、放電法の改良が、四色問題解決の最後の難関突破に本質的であった。

しかし、その解決には、これと合わせて、可約性の検査がいる。配置の数をふやせば、不可避集合は得やすいが、可約性の検査が大変になるので、両者のバランスがむずかしい。

可約性の検査

可約配置についても、第二章で述べ、それ以後にもいくつか例をあげた。もしも四色問題が正しくなければ、最小反例Mがあるが、それに含まれえない配置が可約である。すでに述べたとおり、四枝以下の点や四個以下の環状列点はそうだが、そのほか、最小反例においては、双対グラフでのいくつかの多角形の外周は、単一閉曲線でなければならないことが示される。これは自明のことではない。一般に、それを切ると、グラフが分離してしまうような点や枝がありうるからである。

最小反例にそういう点や枝がないことは次のようにして証明される。いくつかの面の合併Fの周Qが単一閉曲線でないとすれば、その周近くに沿って一周すれば、ある頂点Xの近傍を二回通る。そうすると、Xから始めて、Fを通ってXに戻る単一閉曲線Cで、その内にも外にも、もとのグラフの頂点を含むものができる。これにより、グラフはXのみを共有する二つのグラフに分解され、おのおのは（国の数が減るので）、四色で塗れるから、Xの色を両方で合わせれば、全体が四色で塗れてしまう。

そのほかにも、最小反例について多くの性質が導かれる。しかし、ケンペの四枝点にしても、バーコフのダイヤモンドにしても、可約性の証明は一つ一つゆきあたりばったりに近かった。もっと組織的に可約性を検査したい。これがヘーシュの次の課題であった。

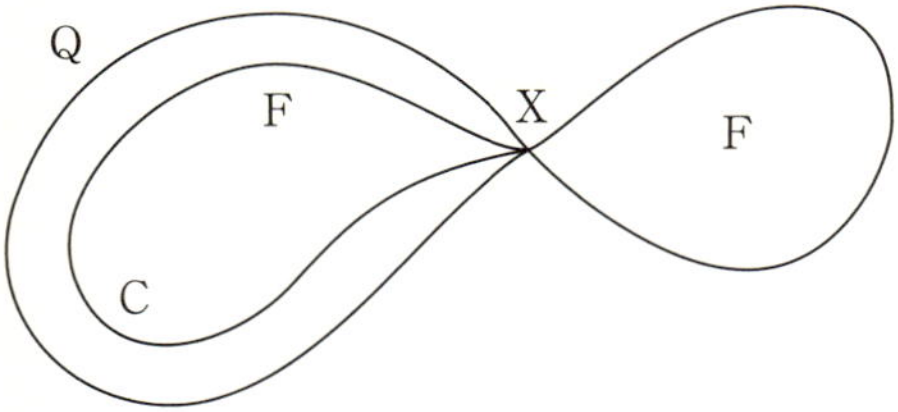

図6·2　くびれがあるときの分解

ヘーシュは、いくつかの可約性の判定法を考えた。それらは、たいてい手で実行すると、大変な手間がかかったが、算法がはっきりと記述できるので、計算機で実行可能である。実際、一九六九年にヘーシュの弟子のデューレ（Karl Dürre）は、その方法で計算機によるプログラムを作り、それまでに知られていた可約配置を再確認しただけでなく、いくつかの新しい可約配置を発見した（ハノーバー大学の学位論文）。

ただし、この種の判定法は、十分条件を与えるだけである。すなわち、それで「可約」と判定されたもの

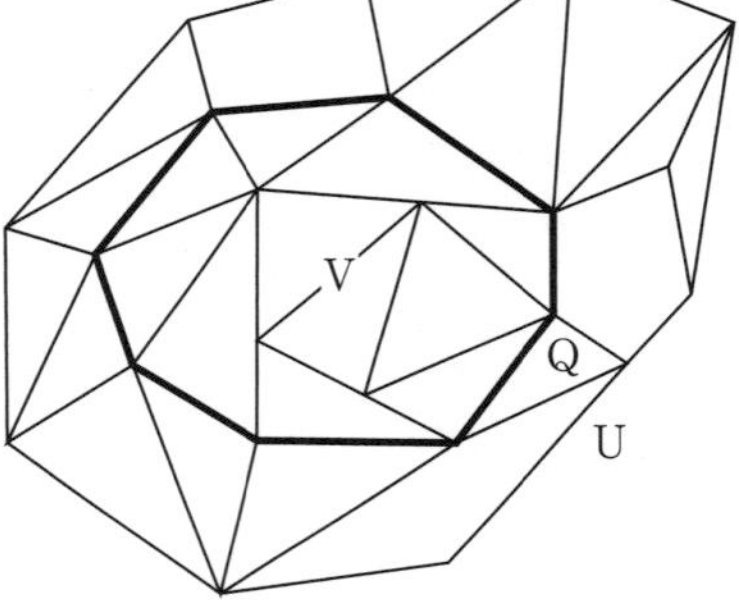

図6·3　グラフの分解

は安心してよいが、可約という判定ができなかったものも、単に「その方法では判定できない」というだけであり、必ずしも「可約でない」ことが証明されたわけではないことに注意する。こういう努力で、いつかは四色問題が解決するだろうというヘーシュの信念も、極端にいえば信仰というか、幸運をねらった一つのやまかけにすぎない。

その算法は大変繁雑で、ここにはとうてい述べられないが、解決に特に役立った二つの判定法、D可約とC可約について、解説しておこう。

K可約性

平面グラフ（地図の双対）Gを考える。環状列点Qにより、GをU、Vに分割する。両者はQのみを共有する。Vが特別の形をしていると、UにかかわらずGは最小反例になりえない。そのときVが（正確には(V, Q)が）**可約**である。たとえば、Qが四点以下の環状列点のときである。前のようにU、Vに分けて、Qを四色で塗り分けたとする。Qの塗り分けを保って、それをU

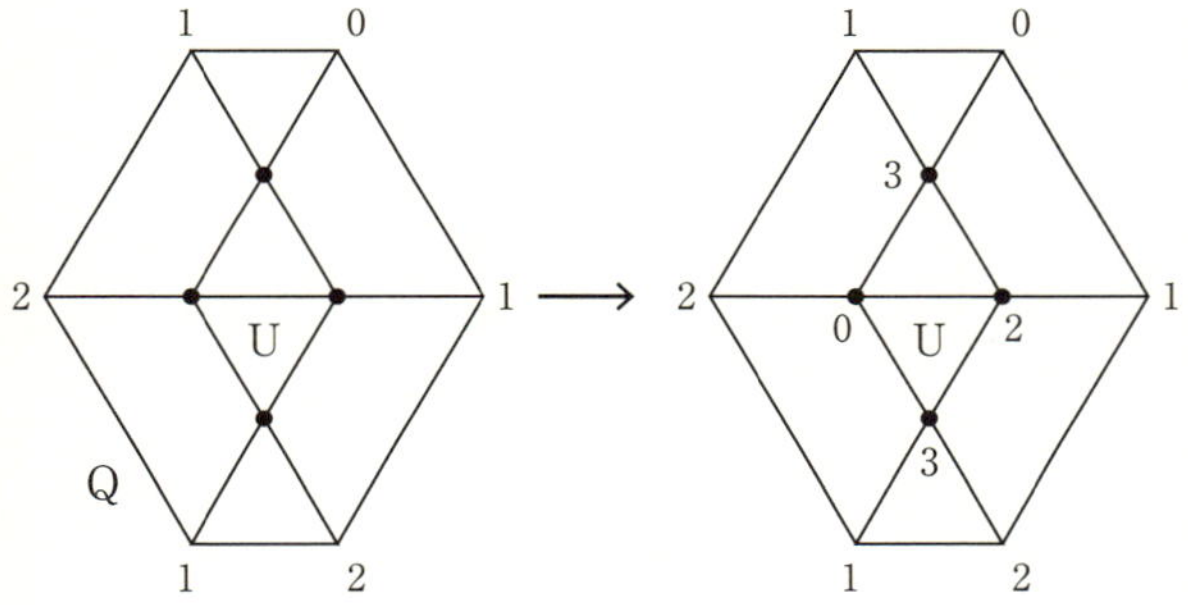

図6・4　接続可能な四色塗り分けの例

全体の四色塗り分けに延長できるとき、初めのQの四色塗り分けは、Uに**接続可能**という。

次にQを四色で塗り分けた何種類かの集合Sがあるとする。Qのある四色塗り分けがUに接続でき、しかもどのようにUに接続しても、適当にU内のあるケンペ鎖に沿う色の交換を（必要なら何回か）行うと、Sに属するある四色塗り分けのUへの接続にできるとき、初めのQの四色塗り分けを集合S内に**U埋蔵可能**という。

たとえば、第五章で述べたバーコフのダイヤモンド（図5・9）の周六ヵ国をQ、その外側をUとし、その内側へ接続できるQの四色塗り分け全体をSとすると、Qを二色で交互に塗ったものは、そのままでは、内側へ四色接続はできないが、いまの意味で、S内へU埋蔵可能である。このことが、バーコフのダイヤモンドの可約性として、第五章で示した性質なのである。

ときとして、Uのある四色塗り分けと、Sとに対して、Qを境界とするどのようなグラフをとっても、その塗り分けがS内でU埋蔵可能なことがある。このとき、それをSに**埋蔵可能**という。

VがQを境界とし、Q以外に他の頂点をもつグラフとする。Vに接続可能なQの四色塗り分け全体の集合をSとする。もし、Qの任意の四色塗り分けが、前の意味でSに埋蔵可能なとき、Vを（正しくは（V, Q）を）**K可約**という。Kはケンペの名に因むものであろう。K可約なVが、最初の意味で可約であることは、容易に証明できる。バーコフのダイヤモンドの周は、その一例である。

しかし、K可約性の判定は、第二章で述べたケンペによる五枝点の可約性の証明の失敗のように、相異なる色の組のケンペ鎖同士の干渉が生じて、意外とやりにくい。

カナダの組み合わせ論の大家にテュッテ（W. T. Tutte）がいる。彼の名前の読み方は、これまで日本ではまちまちだったが、カナダの数学者たちが彼をよんでいたのをカナで近似すれば、「テュッテ」が最も近いようである。

彼はそれまでにもアマチュアによる四色問題の「解決」を分析して一種の「虎の巻」を作ったりもしたが、一九四八年に、四色塗り分けに「パリティ」（奇偶性）の概念を導入し、ケンペ鎖に沿う色の交換では、それが不変なことをたしかめた。しかし、残念ながら、この概念は当初期待されたほど、可約性の研究には有効でなかった。

ヘーシュは、そこで「D可約」という新しい概念を導入した。これはかなりやっかいだが、定義だけでも述べておこう。

D可約性

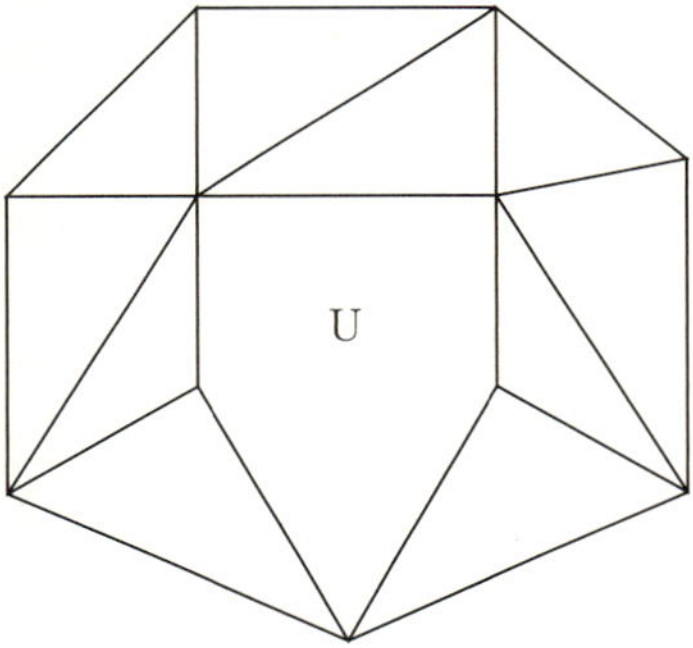

図6・5　準三角形分割

これまでグラフは三角形分割されたもののみを扱ってきたが、一つの面だけ三角形でなくてもよいものを**準三角形分割**という。このとき非三角形の面は、単一閉路Qで囲まれている部分内にあるとする。

Qの一つの四色塗り分けΓと、四色塗り分けの集合Sとがあるとする。四色を二つずつにした組分けΠ（パイ）があり、Qで囲まれた準三角形分割グラフUがあって、ΓがUに接続可能ならば、Πの組のケンペ鎖に沿う色の交換の反復により、それがSのある四色塗り分けのUへの接続になるとき、ΓはSへ**単純埋蔵可能**という。Qの四色塗り分けで、Sへ単純埋蔵可能なもの全体の集合を f(S) とする。これはSを含むある集合になる。f(S)に同じ操作をほどこして、

$$f^2(S) = f(f(S))$$

を作り、これをくりかえして $f^k(S)$を作る。kを十分大にとると、Qのすべての四色塗り分けが $f^k(S)$に含まれるとき、Sは**優越する**という。

また、Qのある四色塗り分けが、kを1、2、3、……としたすべての $f^k(S)$の合併に埋蔵可能なとき、Sに**窮極的に埋蔵可能**という。なお、ここでは「埋蔵可能」とよんだが、島内剛一（しまうちたかかず）の解説中にある「はめこみ可約」というほうがよいかもしれない。

VがQで囲まれている準三角形分割のとき、Vに接続できるようなQの四色塗り分け全体の集合Sが前の意味で優越するとき、Vを（正しくは（V, Q）を）**D可約**という。Dとは dominant（優越）の頭文字らしい。バーコフのダイヤモンドを初め、D可約な例は非常に多い。

この意味で、D可約なVは、可約であることが証明できる。一方、ケンペが失敗した五点環は、D可約ではないことがきちんと証明できる。また、次のような定理が証明できる。

「五点列Qで囲まれた準三角形分割グラフUが四色塗り分け可能であり、Qを三色で塗り分けたものは、Uに接続可能でないとする。このときQを実際に四色使って塗り分けたものは、すべて

Ｕへ接続できる」

Ｄ可約性の判定に対するヘーシュの算法そのものは、雑誌『ｂｉｔ』（現在は廃刊）に載った紹介記事中に、広瀬健が解説していた。ＦＯＲＴＲＡＮのような言語でプログラムを書いても、数百行程度ですみ、小型の電子計算機でも十分に実行できると思われる。ただし、後述のように、環状一四列点まで全部を調べるには、相当大きな補助記憶装置が不可欠だろう。

Ｃ可約性

ヘーシュは、さらにベルンハルトが示した図５・15の可約性の証明を一般化して、Ｄ可約とは別種の可約性を導入した。

Ｖが Ｑで囲まれた準三角形分割とする。Ｖに接続可能なＱの四色塗り分けの集合をＳとする。もしも、Ｑで囲まれた準三角形分割Ｗで、Ｖよりも頂点数が少なく、かつＷに接続可能なＱの四色塗り分けは、すべてＳに属するようなものが存在するとき、Ｖを（正確には（Ｖ，Ｑ）を）**Ａ可約**という。このようなＶが可約であることは、その定義から直接に証明される。

ここでＷに接続可能なＱの四色塗り分けが「Ｓに含まれる」というのを「Ｓに単純埋蔵可能」と修正したとき**Ｂ可約**といい、さらに「Ｓに窮極的に埋蔵可能」と拡張したときを**Ｃ可約**という。このＡ、Ｂ、Ｃは、単に１、２、３という番号であって、何かの略字ではないらしい。Ｂ可約、C可約なVが可約であることも、やはりA可約のときと同様に示される。

ヘーシュは、それまでに知られた可約配置の中から、A、B、C可約の例をいくつか示した。しかし結果的には、A可約、B可約という条件は強すぎて、あまり役にたたず、後には少しやっかいだが、C可約性が主に使われるようになった。D可約でなくて、C可約なもっとも簡単な一例は、ベルンハルトの配置（図5・15）である。

ヘーシュはC可約性に対しても、それを判定するための、計算機用の検査法を考案した。しかしD可約性の検査は直截的だったが、C可約性の検証には、途中に選択が入る。人間ならば練習によって経験をつむと、ここはこう選べばよさそうだ、という見当がつけられるが、これを計算機にやらせるのは、かなりむずかしい。ときによっては、全部をしらみつぶしに調べて、うまいものにあたるまでくりかえす、という素朴な算法のほうが早いこともある。ランダムにいくつか調べて、あたれば幸い、というやり方もある。このへんで、計算機による人工知能研究者の態度が分かれる所であるが、要は探すべき場合がどのくらいで、いくつくらい成功する選択があるかを、いかに早く、大ざっぱにつかむかによって、方法の良否がきまってくるといえよう。

このような事情のために、後にハーケン、コッホらが可約性を検査したときには、D可約性を主体とし、それがうまくゆかないときにはC可約性をためす、という方針をとった。もっとも、後にはうまい選択をしたC可約性の検証は、かなり能率がよくなり、ときにはD可約の検証よりも早い場合も生じた。もともとこの場合には、全数検査はとうてい不可能な分量になるので、経験的によさそうな選択をし、それで失敗した配置は「還元失敗形」として、あらためて策をねる、といった方法をとった由である。

D可約であって、かつC可約という配置も少なくないので、追試にあたっては、表でD可約とされている配置のいくつかについても、C可約性をうまくためすことが能率化になるのかもしれない。そういう点でも、人間のかんや経験をいかにうまく計算機に教えるかが、勝負の分かれ目

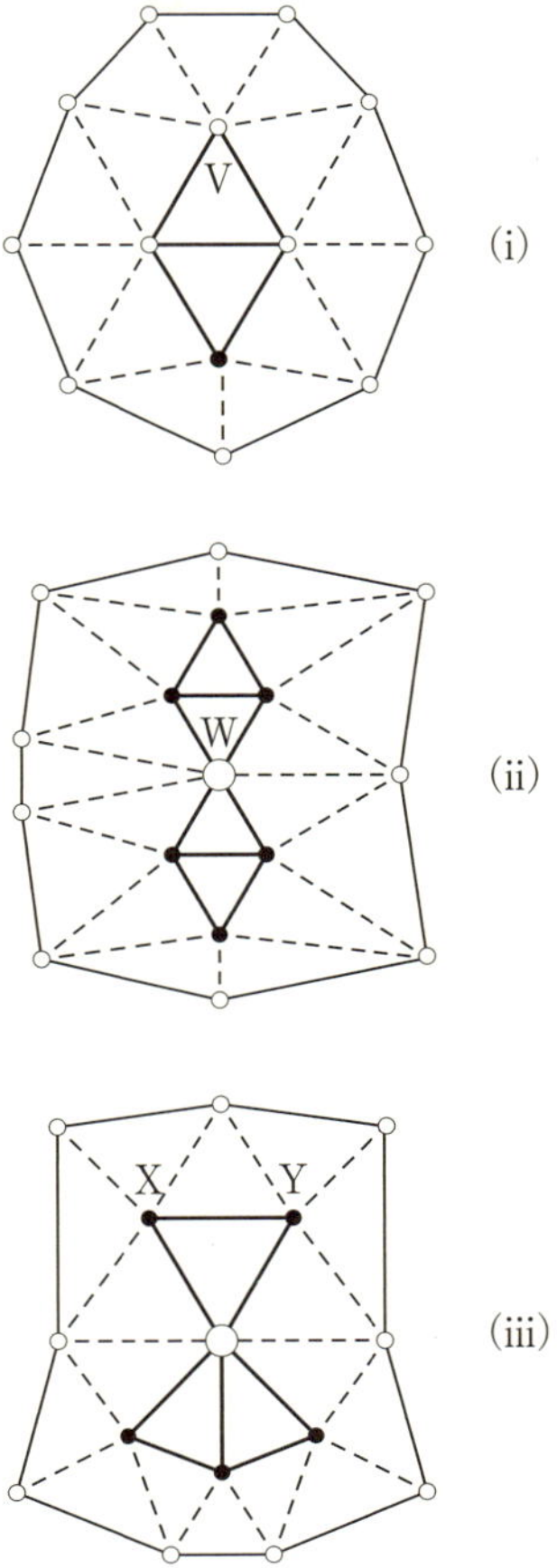

図6·6　三大還元障害——『(日経)サイエンス』1977年12月号より——

になる。

もっとも現在では計算機に「学習」させて、人間以上のかんを発揮させる研究も進んでいる。今後この方向がさらに発展するだろう。

ただし、C可約性の検査の具体的な算法については、これまでに公表されたものが少ない。後述の四色問題の最終解決者アッペル＝ハーケンさえも、大学院学生のコッホのプログラムを信用している感じである。

還元障害

ヘーシュは彼の考案した方法で多数の可約配置を求めたが、同時に可約であることがうまく証明できない配置にもたびたびであった。その中でとくに図6・6の三種は、そういう図形にきまって出現した。この図は双対グラフで表現されており、これまでの例と同様に太線が問題の配置、破線がそれを外周と結ぶ線、細い実線が外周を示す。この三種は**三大還元障害**とよばれるようになった。

このうち第一のものは、バーコフのダイヤモンドの三個を六枝点にしたものである。上のVと記した頂点が五枝点ならば、ベルンハルトの可約配置（図5・15）になるが、ちょっとした差で大難関に化けてしまった。第二のものは、中央のWに対する外周の隣点が、二つに分離しているのが困難のもとである。もっとも、こういう「くびれ」をもつ形態の可約配置もたくさんある。第三のでは、それ以外に上部にXYという相隣る五枝点がある。これは「懸案の対」であって、それからみても、もっともてごわい障害である。

ハーケンは、四色問題に対する本格的な研究の第一歩として、このうち初めの二つの障害配置を含まない地図（双対グラフ）を研究した。彼はそれを「地理学的によい地図」と名づけた。この概念は、まったく理論的な興味にすぎなかった。しかし、結果的に見ると、地理学的によい配置からなる不可避集合をまず求めることは、四色問題攻撃のための絶好のトレーニングにもなり、幾多の貴重な手がかりがえられたようである（次章参照）。

一つのやまかけ

ところで、ヘーシュとハーケンとは、何百という可約配置の表をながめているうちに、おもしろいことに気がついた。それは求められた可約配置自体を構成する点の数をm、その外周の点の数をnとすると、すべてが、

$$3n/2 < 6 + m \qquad (1)$$

という不等式をみたすことである。さらに地理学的によい配置にすると、それがもっとゆるく、

n＜3＋m　(2)

という不等式になる。大ざっぱにいえば、内部に点が多く、外周が短ければ、地理学的によい配置や可約配置になりやすいというわけである。

彼らは、この逆も正しいのではないかと推定した。これはもちろん、まったくのかんというか、やまかけにすぎない。「逆は真ならず」というのは、推論における鉄則の一つである。しかし、見当をつける段階では、こうしたやまかけも許されよう。

もっとも、これには多少の根拠があった。たとえば、(1)をみたす配置の内には、地理学的によい配置で、それ自身(1)をみたし、しかも懸案の対を含まないものが存在する。そして、さらにその中央のくびれ（外周の隣点が分離している点）があるとき、それを除いた二つの部分グラフも、(1)をみたすようにできる。これは「m補題」とよばれる正しく証明された定理である。

前記の不等式(2)や(1)をみたす配置自体が、つねに地理学的によいとか、可約とかいう命題そのものは、現在でも一つの予測にすぎない（証明されてはいない）。しかし、それは一つの手がかりとして貴重である。実際、ケンペの五枝点でも三大還元障害でも、次ページの表のようにmにくらべてnが大きい。

ところで、mは面積で、nは外周にあたるから、少し大きくなれば、nよりもmの方が早く増す。したがって、前記の不等式⑴、⑵とも成立しやすくなる。ということは、厳密ではないが、ある程度nが大きな配置まで考えれば、すべてが可約な配置になって、四色問題の解決ができそうだということである。

では、どのくらいnを大きくすればよいだろうか？　nが9では、三大還元障害がある。また、後に述べるムーアの例によって、nが11まででは解決できないことがわかっている。

ハーケンは、彼らの最後の論文で、一つの「確率的予測」をやっている。この「確率」とは、今日の専門家が扱う厳密な概念ではなく、ごく素朴な素人的な「もっともらしさ」にすぎない。既知の可約配置のmとnとの分布から、nが20を超えれば、たぶん「ほとんどすべて」の配置が不等式⑴をみたして可約になるだろう、というような推測である。

	m	n
ケンペの五枚点	1	5
三大還元障害	4	9
	7	9
	6	9

厳密な数学者の内には、「四色問題の解決」という大論文中にある、こんな杜撰（ずさん）な議論を見て、だいぶ心証を悪くした人が多いらしい。もちろん、著者たちもちゃんと、それは見当をつけるための推測にすぎないことを断っている。それを「証明」の一部として使っているのではない。見方によっては、普通には隠して一言もしないような舞台裏の考え方までを、論文に公開してくれた貴重な記録と思われる。大発見のきっかけは、白日の下にさらけだすと、極めて杜撰な、夢のようなヒントで

図6・7　C. F. ガウス（1777〜1855）

ある場合が案外多いのかもしれない。「数学王」といわれるガウス（Carl Friedrich Gauss; 1777〜1855）の「足あとを尻尾で消してゆく狐」という態度を、高踏的な完全主義と非難することもできよう。

しかし、nを20としたのでは、調べるべき場合が総計数万にもなり、現在の高速計算機でさえ手に負えない。ハーケンは結局ある仮定の下に、nが14の所で解決できそうだ、とやまをかけた。結果的には幸運にも（?）、そのかんが適中して、解決に成功した。

四色問題解決への道

いまふりかえってみると、ヘーシュのこれらの研究によって、もはや四色問題の解決のために必要な道具は、全部出そろったことになる。あとはアイディアよりも、むしろ時間と金の問題であった。金とは具体的には計算機使用料金である。放電法で正電荷が残る配置を求め、可約性が証明できたものは消してゆき、証明できないものは、さらに放電手続きをかえて別の配置にして調べる。こういう操作を、人海戦術で何年もかけて調べてもよし、あるいは計算機で調べてもよし、ともかく、総計数千個から一万個くらいの配置について根気よく徹底的に調査してゆけば、いつかは可約配置ばかりからなる不可避集合が見つかり、四色問題が解決できるであろう。

もしも、いつまでたっても計算機が止まらず、これで解決できないとすれば、四色問題が正しくないのか、または正しいけれども、ケンペ流の方法では解決できないという、あまりありそうもない事態が正しい、ということであろう。もしも、前者ならば、可約配置をまったく含まないような巨大な地図から、もしかすると反例が見つかるかもしれない。最小反例は、おそらく何千という国が複雑にからまりあった地図であって、それが四色で塗り分けられないということ自体、計算機にでもよらなければ証明できないであろう。

ヘーシュ自身が、こういう大計画の実行を、どの程度の難事業と考えていたのか、はっきりしない。弟子のデューレが、計算機による可約性検査のプログラムを作っているところを見ると、やはり当初は高速計算機が使いたくても十分に使えなかったらしい。

ヘーシュはその後さらにD可約性を拡張したE可約性を導入し、二千種以上の可約配置を計算機で求めた。これらの研究がもっと早く発表されていれば……と悔やむ人も多いが、やはりいろいろ困難な事情があったのだろう。

一九六〇年／一九七〇年代の形勢

この時代は世界的に見て、数学の「高度成長期」であり、手つかずで放置されていた難問にも、研究者が集中し始めた。

四色問題についても、アマチュアを込めて最後の、しかし絶好の機会だった。強力な電子計算機の発展と併せて、グラフ理論関係の専門雑誌がいくつか創刊され、発表の機会も増えた。

この時期には、必ずしもそうと題していないが、内容は四色問題を扱った論文もいくつか出版されている。

まず一九六七年には、オアの名著『四色問題』(The Four-Color Problem, Academic Press)が発行された。一九〇〇年以降の進展が広く紹介されて、必読の教科書となった。

この時代に出た多くの小論文の内容は、およそ以下のような印象を受ける。

1. ある配置が可約であることを証明するための手順の改良や簡易化を試みる。
2. 前記のような新手法により、新しい可約配置を発見する。
3. それらを活用して、四色塗り分け可能な地図の範囲を拡大する。

これらはアイディアよりもむしろ根気の問題だった。だから当時意欲あるアマチュアが、少し努力すれば、意味のある小論文をいくつか残すことが可能だったような気がする。

結局のところ、これらの研究はバーコフ数をいくらか上げるのには成功したが、四色問題の最終解決には到らなかった。しかしそれらは無駄な努力ではなかったと思う。このような研究を通じて、関係者が次のような確信を得たためである。

1．四色問題はこのような方向で必ず解決できる（バーコフの見通しのうち1が正しい）。

2．しかし可約性の証明は、ものすごく多数の場合分けをして、同じような操作を反復する手間のかかる作業である。そのような仕事はコンピュータにやらせるべきである。

運よくこの当時コンピュータは急激に発展して、科学研究のために不可欠な道具になってきつつあった。数学も例外でない。現に有限群論や多面体の研究で、コンピュータによって永年の懸案が解決した事例が現れつつあった。この種の研究に特化した専用計算機の開発さえ検討された。そして結果的に最終局面に達する。

以上のような次第なので、この時期の研究を詳しく調べるのは、数学史の一つの課題かもしれない。しかしこの時期にしばしば、「四色問題が解けた」とか、「その反例が発見された」といった不確実な情報が流れた。そのすべては早晩「誤報」だったことが確認されたものの、イソップ物語の「狼が来た」に似た印象を与えたことは否定できない。

あっちだ！　こっちだ！

図6·8　乱れ飛ぶ誤報

そのうち特に三個の「反例」ないし「誤報」を紹介する。

ムーアの「反例」

四色問題の研究者にとって、一つのショックは、一九六三年一月に、ウィスコンシン大学のムーア（Edward F. Moore）が四色問題の「反例」を作ったといううわさであった。まもなく、それは四色問題自体の反例ではなく、それ自体は四色で塗り分けられるが、四色問題が正しいとして、その証明がなまやさしいものではないことを示す例であることがはっきりした（図6・9）。

それは三四二ヵ国からなる地図であって、環状をなす一一ヵ国までのうちには、それまでに知られた、すでに一〇〇を超す可約配置が一つも含まれていないというものであった。もっとも一二ヵ国の環状国に含まれた可約配置があった。この地図は、「反例」ではなかったが、ケンペ流に四色問題を解決しようと思えば、どうしても少なくとも一二ヵ国までの環状国のなす可約配置を徹底的に調べ上げなければならない、ということを確認した重要な例である。そうなると、高速度の電子計算機を使っても、気の遠くなるような仕事である。

その後ムーアは、もっとやっかいな地図を発表した（図6・9の下）。これは八四六ヵ国からなる。下の図は、平面のように描かれているが、本当は左右の凸凹があっていて、それをつないだ円柱面である。それに北極と南極に多角形の「ふた」をはめて、全体として球面上の地図にな

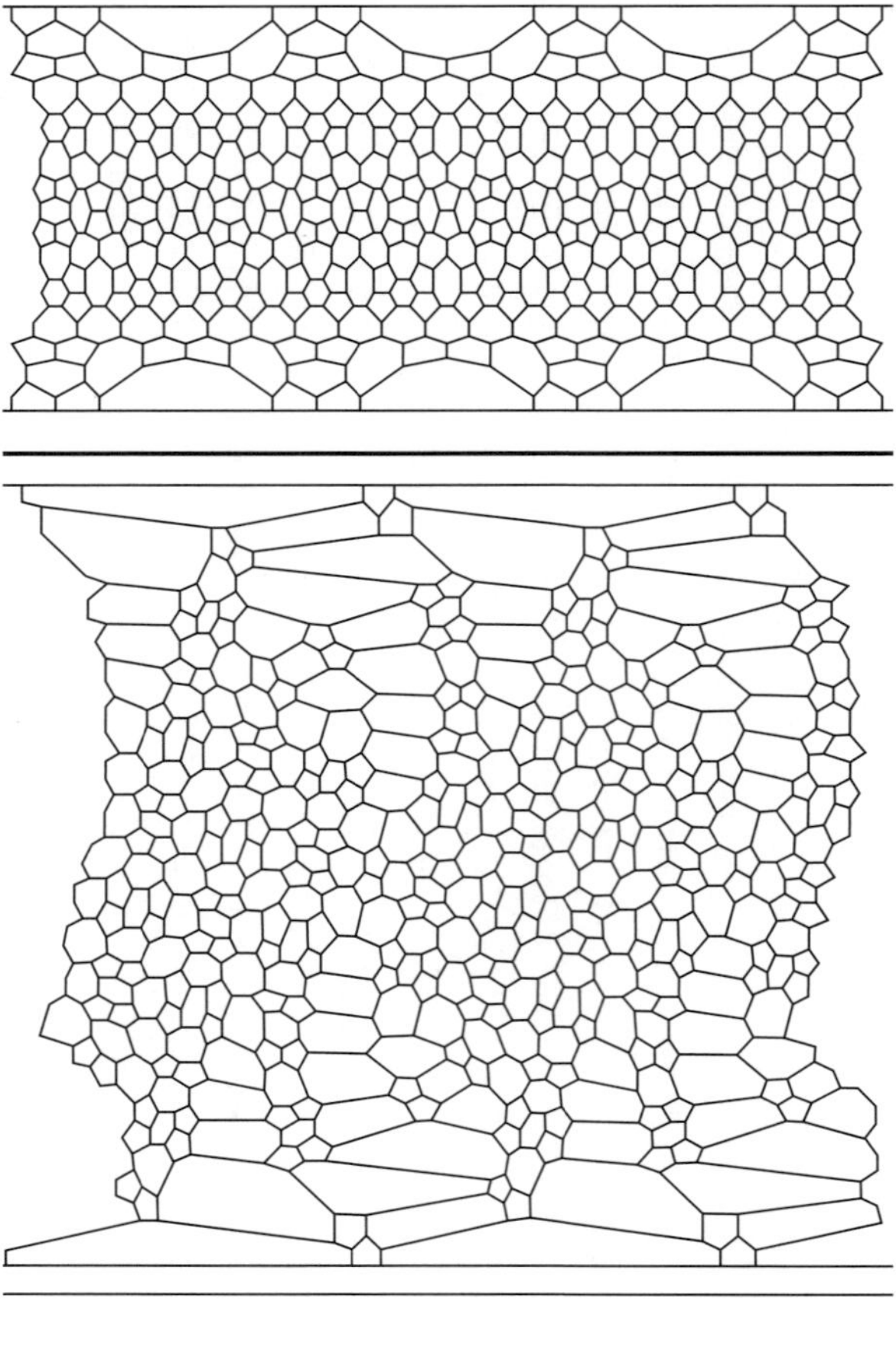

図6·9　ムーアの二つの地図。どちらも左右はつながって円柱形になる。四色でうまく塗り分けて下さい（口絵参照）。１日で正解が得られたら，あなたは天才かも？（下図は『(日経) サイエンス』1977年12月号による）

る。

しかし、表現はもとの形のほうがわかりやすい。下の地図自体は口絵のように四色で塗り分けられるが、白地図から始めて塗ってみるとよい。ただし、思いきって手をつけると、案外簡単にできるともいわれる。

この地図全体は、四〇八個の五角形、九六個の六角形、二八八個の七角形、五四個の八角形からなる。これが第二章の基本公式をみたしていることに注意する。この第二の地図の例でも、また一一ヵ国までの環状列国の可約性だけでは、四色問題の証明は完成しないことが再確認された。

シマモトの騒動

これは反例ではなく、証明の不備による誤報だった。日本では余り話題にならなかったが、米国では一時評判になった事件である。その顚末(てんまつ)は次の論文に詳しい。

W. T. Tutte and Hassler Whitney, Kempe Chains and the Four Color Problem, Utilitas Mathematica 2巻, 1972年, pp. 241～281.

この論文のコピーに便宜を計って下さった広島大学に感謝の詞を述べる。

ごく概要を述べると以下の通りである。日系米国人シマモト（当時ブルックヘブン研究所・応用数理部長）は元来物理学者だったが、四色問題に興味をもち、ヘーシュを招いて計算機による研究を始めた。

四色問題が正しくなければ最小反例Mがあり、それは特別な配置Hを含む。それを具体的に構成して計算機で調べたところ、配置HがD可約であることが証明されて矛盾に到った。したがって四色問題は「証明」された（?）。

この「証明」が「余りにも簡単」すぎたために、かえって疑惑がもたれた。事実別のプログラムで再検査したところ、不幸にもそのグラフHはD可約でないことが判明した。

この研究はけっして無駄ではなく、何がしかの知見をもたらしたことは事実である。しかしそれよりも、多くの数学者に四色問題の解決には計算機が不可欠なことを深く認識させたことのほうが重大だった。

他方この騒ぎを契機に、ハーケンが師ヘーシュと不仲になって、ついに訣別したことを暗示する記録がある。事実とすれば不幸な余波だった。

ガードナーの「四月馬鹿」

「誤報」ではないが、もう一つ、筆者が忘れられないのは、ガードナー（Martin Gardner; 1914～2010）の「四月馬鹿」にともなう騒動である。

一九七三年秋から、筆者は、『Scientific American』の日本語版『(日経) サイエンス』の「数学ゲーム」欄の翻訳を担当し、原著者とも文通するようになった（一九七九年初めまで約五年間)。そのうち、一九七五年の二月頃、ガードナーから妙な手紙を受け取った。曰く、「今度の四月号に俺は四色問題の反例が見つかった、といった四月馬鹿を書く。しかし、日本にそういう習慣があるかどうかわからないから、お前は訳にあたって、読者に注意を喚起するように工夫せよ」

というわけで、まもなく届いたガードナーの原論文には、めんくらった。事前にこういう警告を受けていたからよかったものの、そうでなかったら、どこまで本当で、どこまでがうそなのか訳に迷っただろう。

それには「どうしたことか世間の注目をひかなかったセンセーショナルな発見」と題して、次の六つの話が書いてあった。

1. 四色問題の反例が発見された。
2. $e^{\sqrt{163}\pi}$ は整数であることが証明された。
3. チェスの必勝法が計算機で発見された。
4. 特殊相対論の矛盾が発見された。
5. レオナルドのマドリッド手稿の欠落部の発見――彼は水洗便所を発明していた。

図6·10　ガードナーの「四月馬鹿」

図6・11　ガードナーの「反例」。果たして四色では塗り分けられないのでしょうか？
――『(日経)サイエンス』1975年6月号より――

6. 心霊モーター。

少々枝道だが念のために少し説明しよう。

その一つ一つに、由来話があるけれども、もちろん、すべてうそである。おちついて読むとまず「2.」で首をひねる。この数は超越数と思われる。「4.」で、どうもおかしいと思う。物理学を勉強した人は、この種の相対論の「見かけ上のパラドックス」を、演習問題としてやった記憶をおもちかもしれない。さらに「6.」にくると、たいていの科学者は、一杯くわされたと感ずるようである。そう思って読み直すと、人名がふざけているのに気がつく。ピンクリーフ（紅葉）博士はまだしも、「かの有名なイタリアのマカロニ教授」だの、バードブレイン（鳥脳）女史とかいう人々が登場するので、少々おかしいと感づくであろう。

この「1.」にいう「反例」とは、図6・11の地図である。これは、ちょっと見ると複雑だが、よく見ると、四辺国や、六辺国で囲まれた六辺国など、数多くの可約配置を含んでいる。したがって、たとえ本当の「反例」であったとしても、最小反例ではないことがすぐにわかる。ムーアの地図にくらべれば、はるかにやさしい。可約配置を除いてゆくと、ごく簡単な地図になる。テュッテの言にならって、「これが反例だとすれば、ものすごく簡単な反例ができる。余り簡単すぎるので、かえって信じ難い」とでもいえそうである。

図6・11の地図は、比較的やさしい演習問題であり、その気になりさえすれば、すぐに四色塗り分けができる。筆者もやってみたら、五分間でできた。読者の方々も試みるとよい。

ガードナーは、後に種明かしをしているが、この「反例」がわけなく四色で塗り分けられるので、おかしいぞという抗議の手紙が、ガードナーのもとに千通以上寄せられ、新記録だったそうである。

その他の五つの話にも、それぞれおもしろい裏話がある。ざっと述べると、まず「2.」は、少なくとも三一桁の多倍長計算をしないとうそが見破れないという点で、当時の普通の電子計算機の数表現体系に対する痛烈な皮肉だと、深刻にうけとめた計算機科学者もあった。理論的にもこれは$e^{\sqrt{n}\pi}$が整数に近い一つの「極限」である。

「3.」はこの時から二〇年後に、コンピュータが世界チャンピオンを負かしたので、あながち「うそ」ともいえなくなった。

「5.」には、もっともらしい絵まで載っており、それには某図書館蔵の印までおされているという、本物以上に価値がある（?.）「由緒正しい偽物」だそうである。

「6.」には「回るのは体温のせい」だと暗示する注釈（後日談）が記されている。

脱線はこのくらいにしておく。図6・11の四色塗り分けは、何通りもできる。うまくできない人のためにヒントを与えると、互い違いに並んでいる列を二色で交互に塗ってゆくのは、失敗のもとである。三色を巡回的に使い、一皮外側はそれをずらして、なるべく三色で塗ってゆく方式を骨子とするほうがよい。（図6・12(ii)）

半分ずつずらした長方形は、図6・13のような亀甲型と同じであり、このような無限模様は、全体として三色で塗り分けられる。したがって、なるべくそれが続く所は三色ですませて、規則性のくずれる所で残りの一色をうまく活用するとよい。バーコフのダイヤモンド（図5・9）の周でも、二色で交互に塗ると失敗する。これまで筆者の所に送られてきた塗りそこない地図の大半は、このような国の列を二色で交互に塗った失敗に基づいている。これは、数学よりも、人間

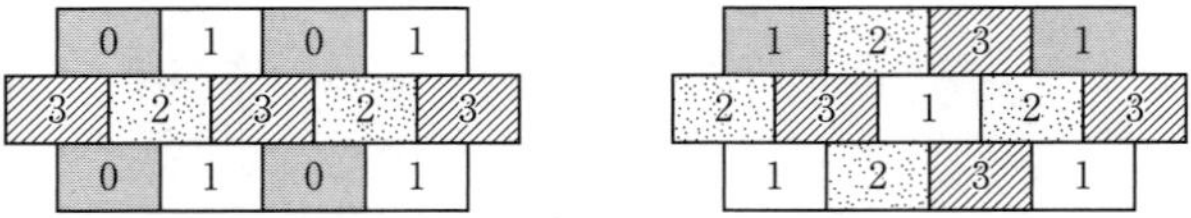

（ｉ）二色交互使用　　（ii）三色塗り分け

図6・12　塗り分けの一工夫

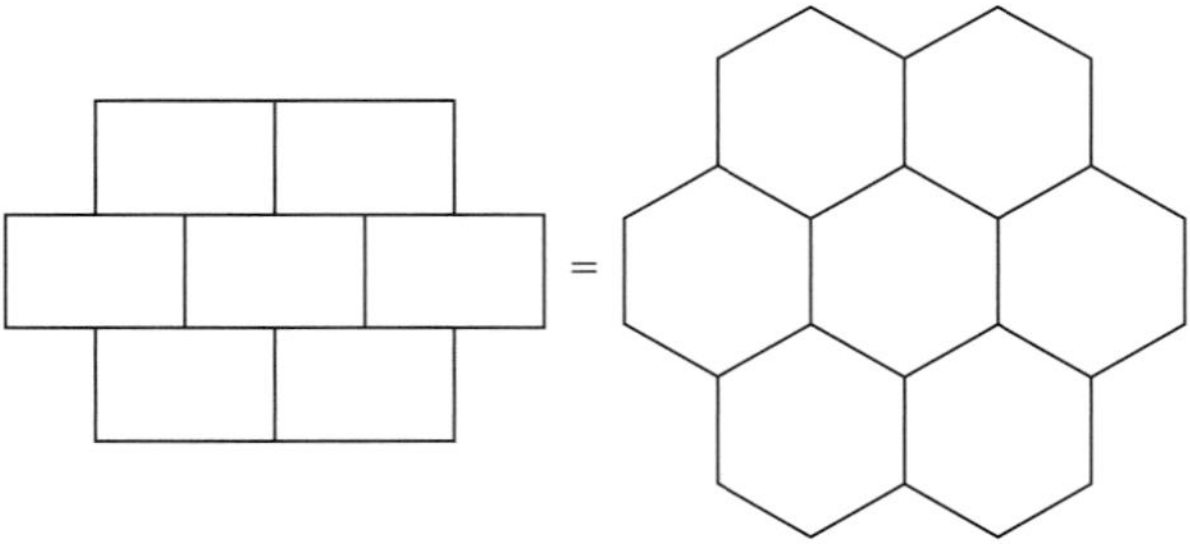

図6・13　半分ずつずらした長方形は亀甲型と同じ

の心理的な問題らしい。

　ところで、筆者は、前出の記事の訳の末尾に「これは四月馬鹿である」という注をつけたが、それに気づかなかったのか、あるいは何も注のない原論文から見たのか、これを本気にして、あとでうそだとわかり、ひどく怒った真面目な数学者も少なくなかったと聞く。『科学朝日』にも一度「四色問題の反例が見つかった」と出て、すぐにその取り消し記事が載ったのは、これにひっかかったものらしい。

誤報の貢献

ガードナーのいたずらは少々度がすぎたようである。これで『Scientific American』誌自体の信用を落としたという声もある。筆者は「一生に一度くらいこんな大嘘をついてみたい」といって、「そんなことでは、とうてい政治家にはなれないぞ」と皮肉をいわれたりした。一九世紀には明らかに嘘とわかる風刺的な論文を書いて、笑い話で済んだ人もあったが、もはやそのような牧歌的な時代は過去の話である。

ガードナー自身の種明かしによると、イリノイ大学で四色問題の研究がされていて、かなり進んでいるということが述べられていた。あとでわかったことだが、当時、アッペル＝ハーケンの研究は、いよいよ佳境に入りつつあったし、この地図もその一つの演習問題であったらしい。

しかし、このような誤報騒ぎは、あとからふりかえると必ずしもむだではなかった。四色問題に深い関心をもつ人々は、多少免疫になり、「解決できた」と聞いても、すぐには信じないが、といって、まったく無関心でもないという態度になってきたようである。すでにイリノイ大学で計算機を使った組織的な研究が進んでおり、できるものならば、遠からず解決するだろうというわさも拡がっていたらしい。

そういう心構えができていたことは、幸運であった。一九七六年夏の最終的な解決は、ちょうどよいタイミングであり、比較的短時日でそれが受け入れられることになった感じである。結果的には、「乱れ飛ぶ誤報」も大きな貢献をしたといってよい。

次章では、いよいよアッペル＝ハーケンによる四色問題への最後の総攻撃をながめよう。

第七章　ついに解決！

——怪物もコンピュータでダウン

計算機で総攻撃！

ハーケンの登場

前章で述べたとおり、一九七〇年頃には、もはや四色問題解決のための道具はでそろい、総攻撃を開始できる状態になっていた。しかし、まだそのための道程は容易ではなかった。

この解決の立役者は、すでに何度か名がでたハーケンである。彼はベルリンの生まれで、第二次大戦後、一九五三年に西ドイツのキール大学で学位を得た。そこで、ヘーシュの四色問題に関する講義を聞いたのが、それに興味をもつようになった由来である。

ハーケンは大学卒業後、一時シーメンス社に勤務したが、ドイツ国内では数学研究のためのよい職が得られず、結局、アメリカに流出した。プリンストン高級研究所の研究員を経て、一九六五年にイリノイ大学に職を得た。

彼は、最初「低次元のトポロジー」で、四色問題以上の難問と考えられていた「三次元のポアンカレの予想」の研究に没頭していた。それは、各次元のホモトピー群が球のと同一なら、もとの空間が球と同位相か、という予想である。五次元以上の場合には、かえって与えられた条件が強くなるために、一九六〇年にスメール（Stephen Smale; 1930～　）によって解決された。彼は一九六六年にモスクワで開かれた国際数学者会議の折にフィールズ賞を得た。余談ながら、彼は世間では、むしろベトナム反戦運動の闘将として知られていたから、こともあろうに、モスクワで賞をもらうとは何事だ、とアメリカ議会のタカ派議員たちがいきりたった一幕もあった。

ポアンカレ予想の残る四次元の場合は一九八二年にフリードマン（Michael Freedman）によって解決された。本来の三次元の場合は、多くの紆余曲折を経て、二〇〇三年にロシアのペレルマン（Grigori Perelman）が解決した。後の話は彼がフィールズ賞も、クレイ研究所の百万ドルの懸賞金も辞退したために、かえって有名になった。しかしそれらは当面の話題とは関係ないので、これ以上述べない。

ところでハーケンは一時期三次元のポアンカレ予想の証明に成功したと信じ、プリンストン滞在中にその連続講義を始めた。しかしこの方面の大家、ギリシア出身のパパキリアコプーロス（C. D. Papakyriakopoulos）という長い名の専門家に「致命的」な誤りを指摘され、講義は中止になった。

この失敗で大黒星をとったハーケンは、そこで四色問題の研究に転向した。四色問題については先生のヘーシュの方法で、可約配置を十分に集めれば、いつかは不可避集合が見つかって解決するだろうという線に沿って研究を始めた。

初めは、ヘーシュと共同研究をしていた。しかし、前章のシマモトの失敗談事件以後、急激にヘーシュとの仲が悪化したと伝えられる。ついにハーケンはヘーシュをあてにせず、彼とたもとを分かって、独力で可約配置を求めることに再出発した。結果的には、これがかえってハーケンに幸いしたようでもある。

アッペルとの協力

一九七二年の夏頃、ハーケンはイリノイ大学の談話会で自分の四色問題に関するそれまでの研究を話し、これ以上進むには、計算機による検査が不可欠であることを力説して、計算機科学者や、計算機に熟練した数学者の協力を求めた。これに応じたのが同僚のアッペルである。以後、この両者の協力がついに実を結ぶことになる。このほかの協力者、とくに当初大学院学生であったコッホ（John Koch）の役割も大きい。

アッペル（Kenneth Appel）は、クイーンズ・カレッジ卒業後、一九五九年にミシガン大学で学位を得、プリンストンの研究員を経て、一九六一年イリノイ大学に職を得た。本職は論理学者である。日本での数学基礎論の事実上の開祖であり、当時イリノイ大学教授の竹内外史は、彼と同研究室員にあたる。アッペルは、以前から純粋数学の理論ばかりでなく、計算機によって組み合わせ問題を解くことにも興味をもち、すでにその方面でもいくつかの仕事をしていた。

アッペルとハーケンが、計算機によって、いよいよ本格的な研究を始めたのは、一九七二年秋のことである。まず、当時、もっとも合理的と見える放電手続きの特別な型を求める計算機プログラムを書いた。まだ一番重要な場所から得られた配置の表のみなので、不可避集合まではいか

図7·1　四色問題の解決者アッペル（右）とハーケン（左）。Curt Beamer 撮影（イリノイ大学・竹内外史教授（当時）の御厚意による）

なかった。しかし、計算機の高速度のおかげで、少々の非能率は許されたし、また出力を人間が容易に検査できるようにしてあった。そのために、同年暮れまでには、かなり有効な情報が得られたらしい。

地理学的によい地図

彼らがまずねらったのは、中間的成果として「地理学的によい配置」の不可避集合を求めることであった。この研究は、約二年後の一九七四年一二月に完成し、論文は左記に発表されている。

K. Appel and W. Haken, The existence of unavoidable sets of geographically good configurations, Illinois J. of Math. 20巻 2号, 1976年, pp. 218~297.

この論文は、四色問題の解決自体に対しては、予備的な考察にすぎないが、歴史的な話や、初期の彼らの考え方がよく書かれていて、解決にいたる道筋の参考になる点が多い。しかし、これは八〇ページの長編であるにもかかわらず、不完全な要約にすぎない。

原文は、二〇〇ページを超え、あまり長すぎるといって編集者に断られたため、「細かい定理の証明や図を省略した」と注意書きがあり、現に定理や図の番号に欠番がたくさんある（原著との比較や引照上、修正しなかったという）。ある節などは、定理の文面だけ僅か数行という状況である。

一九七二年頃の最初の計算機による結果で、次のことがわかった。まず、周長16以下の地理学的によい配置は、最終的に正の電荷をもつ大半の頂点の近くに見つけられそうなこと、第二にしばしば同じ配置が現れ、その表が管理可能なくらいの長さになったことである。これらとあわせて、それまで使っていた手続きに欠陥があるらしいことや、似たような図形の場合、計算機は同一の検査をくりかえしすぎることもわかってきた。

これらの経験をもとにして、プログラムの基本的構造はかえず、放電手続きを修正した。これによって、さらに微妙な困難がわかり、以後、それに対する修正がくりかえされた。

このようなきめの細かい計算機との対話をさらに半年以上もくりかえしたところ、この手続きで地理学的によい配置からなる適当な大きさの有限不可避集合が得られそうな予感を得た。そこで、それまでのデータを捨て、あらためて、本番にかかった。これで、すべての場合が尽くされていることと、計算機プログラムで扱われていない場合については、見かけ通り簡単ということを証明することが目標である。

この作業は、当初はすぐにすみそうだった。計算時間も数十時間ですみそうに思われた。しかし、実際には一年半近くを要した。そのためには、術語の厳密な定義も、ある程度一般な数学的理論の展開も必要であった。得られた不可避集合の要素数も、当初は一〇〇くらいと予想されたのが、最後には四〇〇くらいになった。しかし、一九七三年から始めて、一九七四年秋には、ついに完成した。二人のこの二年間の苦心は、けっしてむだではなく、四色問題の解決のための貴重な体験となった。さらにそのプログラムは、いよいよ本式に四色問題を攻撃するのにあたって、かけがえのない貴重な武器になった。

同じ頃、ハーバード大学のストロムキスト（Walter Stromquist）は、同じ問題に理論的な存在証明を工夫した。ともかくあちこちで似たような研究者が現れ、激しい一番乗り競争になりそうであった。

四色問題城の総攻撃開始

地理学的によい配置からなる不可避集合の具体的な図を得たことは、別のたとえをすると、難攻不落の「四色問題城」に対して、その外堀を埋めたくらいの成功である。しかし、外堀を埋めるだけでも、二年以上かかった。このあと総攻撃をかけて陥落させるまでにあと何年かかるか見当もつかなかった。アッペルもハーケンも、当時はあと三〇〇時間くらいの計算ですむだろうという、驚くべき楽観的な予想をもっていたという。もっとも、それだからこそ成功したのかもしれないが——。

以下この解決を「四色問題城総攻撃」にたとえて説明する。これは一つのイメージであって、ことさら戦争を強調する意図はない。

年が改まって、一九七五年に入ってから、いよいよ本番にかかった。障害を含まない配置を作り出し、周長の小さい他の配置の探索を開始した。その根拠は甘いといわれるかもしれないが、前章で述べたやまかけに基づき、周長14以下の範囲で所要の集合が得られそうだと見当をつけた。そして可能な形をすべて作りだしては、放電法で正電荷が消えるものを除いてゆくという根気のいる作業にとりかかった。彼らは、かたくななまでに周長14の限界にこだわった。周長15の可約配置一個にすればすむ所でも、周長14の可約配置一〇個で可能なら、その方を採用した。もっとも、結果的には、それが成功につながったようである。

この修正プログラムにも、なお欠陥があったが、同時にこの頃になっていろいろと驚くべき事実がわかってきた。まず、いまのように修正しても、不可避集合の大きさは二倍にしかならなか

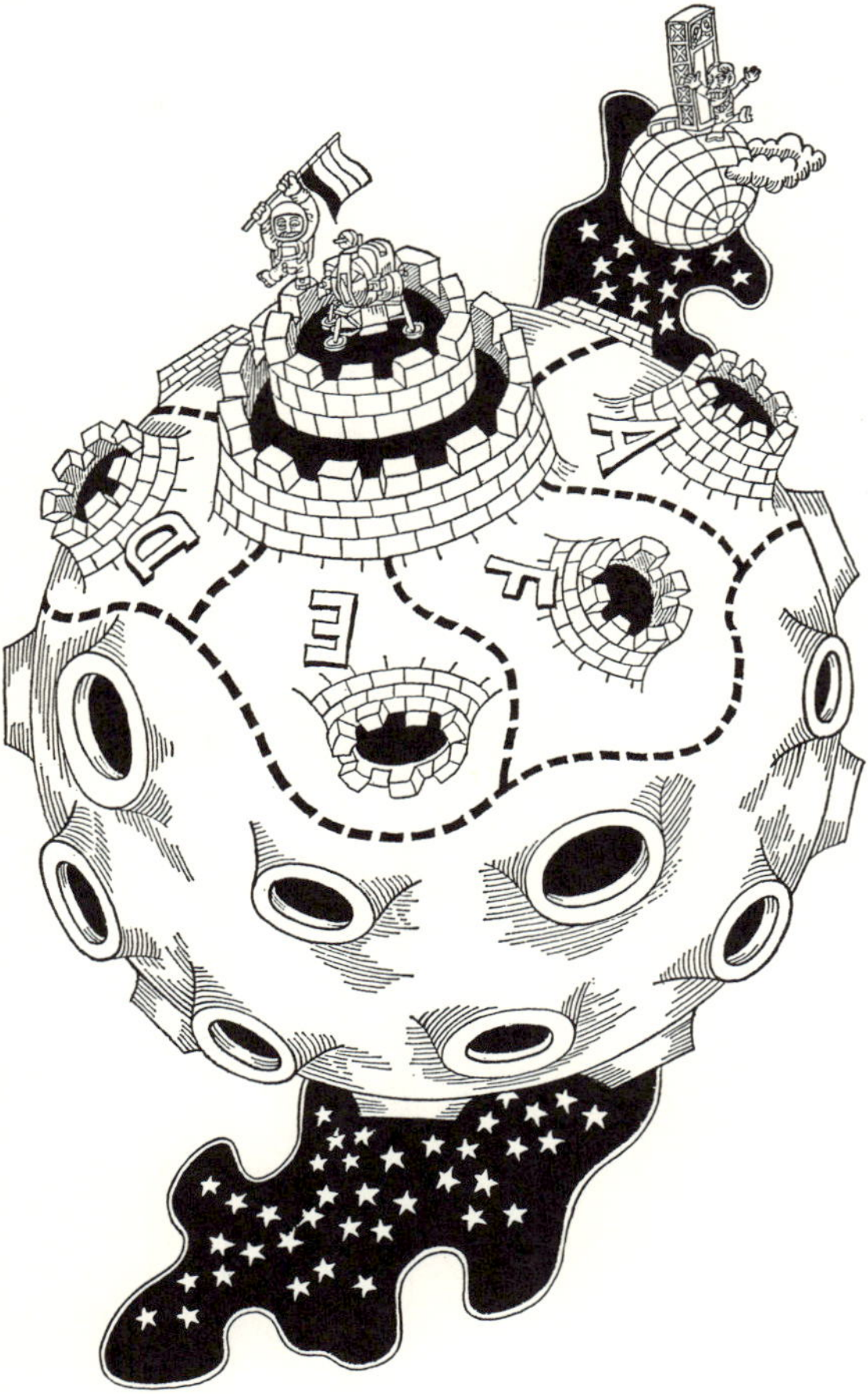

図7·2 「四色問題城」を総攻撃。計算機は人間の道具という立場を超えて，プログラム作成者の予期をこえる成果をあげだした！

った。さらにそれまでは、出力を手で検査しており、その道筋がおよそ予想できていたが、ハーケンによると、この頃からプログラムは予想以上に賢くなったという。

意図的に学習機能を加えずとも、何度も使っているうちに機械が自然と「学習」した印象である。プログラマが予期しなかった「名手」をあみ出し、場合分けでは有効な選択を優先的にするなど、計算機はもはや人間の道具という域を超えて、独自の確実で優れた性能を発揮し始めたという。

一九七五年夏には、還元障害を含まない配置からなる不可避集合が発見される可能性が見えてきた。しかしその中には、なお可約でないものが含まれる可能性がある。もっとも、それはプログラムの修正により可約配置におきかえられそうに見えた。それまでは、もっぱら特殊な不可避集合を研究していたが、ここでそれまで棚上げしていた可約性の研究の検討を開始することが必要になった。

すでに一九七四年以来、当時大学院学生だったコッホが、この研究に協力していた。彼はその少し前、ハーケンの指導の下で、五、六、八枝点のみを含む双対グラフを組織的に研究し、地図をこれだけに限っても、四色問題の証明には、人手では一生かかっても不可能と思われるほどの量の配置の検査が必要であることを示し、ハーケンに計算機使用の決心をさせたといわれている。コッホは小さい周長の配置の形の可約性の研究を学位論文にした。アッペル＝ハーケンの四色問題解決の論文は後述のように二部に分かれているが、その第二部、可約性の部分は、コッホを加えて三人の共著になっている。

このほか、カナダのマニトバ大学のアレア（Frank Allaire）とローデシア大学のスワート（Edward Swart）もアッペル＝ハーケンに似た仕事を始めていた。アッペル＝ハーケンの配置の表の内には、彼らから提供を受けたものも含まれていることが注意されている。

一九七五年秋には、コッホは周長11までの配置に対する機械的な可約性を調べるプログラムを書きあげた。C可約性の検査中には、ある種の選択がいり、そこをうまく選ぶかどうかで、随分速度は違う。しかし、ともかく一応やってみて、三〇分計算しても判定ができなければ、ひとまずそれまでに調べた部分を出力させて、別の配置に進む、といった方式で研究を進めたという。

さらに一九七六年初めには、周長を12、13、14に拡張し、これらの配置の可約性を徹底的に検討し始めた。いまや、四色問題城の包囲は完成し、最後の総攻撃にうつった感がある。

最後の難関

結果的には、このあと半年で解決に成功するのだが、包囲は完成したとはいえ、当時はまだあとどれだけの時間がかかるのか見当もつかなかった。とくに放電手続きの仕事はゆきづまっていた。パラメータの変更や追加といった対症療法ではすみそうもなくなった。プログラムと手による放電手続きの実行を捨て去り、プログラムそのものを書きかえる必要にせまられたのである。

その少し前、一九七五年一二月に、彼らは大きな発見をした。それまで定義していた放電手続きの一つが強すぎることがわかった。その規則をゆるめると、手続きはずっと効率的になった。それにより、もとの手続きで作られるのよりも小さい、可約な配置からなる不可避集合が見つかりそうになってきた。この作業は一九七六年一月に始まった。結果的には、これでついに最後の難関を突破したことになる。

前章で述べたムーアは、その後も小さい可約配置を含まない地図を作る方法を開発していた。その結果少なくとも周長12は必要だが、ハーケンらは、この頃には周長14で解決できるだろうと、かたく確信するようになっていた。

改良された放電手続きのプログラムは、本質的に自己改良型であった。可約性がなかなか証明できない配置にぶつかると、その周りを確認し、それ自身を修正して、正電荷を他にうつすように設計されていた。こういうきわどい領域に対して、以前は手で調べることをも行っていたが、この頃からは、計算機とのきめの細かい「会話」で進められた。

頂点に正電荷が残るとき、その可能な配置をすべて調べ、それぞれについて障害のない形が見つかるか、また、障害がなくても可約性が証明できるかどうかを調べる。そうでなければ、その付近は「危険」とよばれ、危険とわかったときには、その電荷をさらに他の所へ再放電した。こ

らしい。そのためには、速やかな可約性の検査が必要であるが、それだけに二、三日かかることもあった

ハッピー・バースデー

四色問題はこの方式でいつかは必ず解け、解決は、もはや時間の問題であることを確信したハーケンらは、一九七六年四月のしめきりまぎわに、同年八月にトロント市で開催されるアメリカ数学会の年会に、『四色問題の困難性』という講演を申しこんだ。この時点では、まだ学会までに解決される見通しはたっていなかったが、中間報告をしようというのである。

しかし、そのあと、研究は急激に進展した。彼らのかんは見事にあたった。周長14であって、放電法で正電荷が残るような配置は、次々に可約であることが証明された。それはあたかも、四色問題城総攻撃にあたって、トーチカが次々に陥落してゆくのにも似ていた。もっともこの場合は一つのとりこぼしも許されない。完全にしらみつぶしに一つ残らず確認してゆくことが不可欠である。しかし、永年にわたって多数の改良が加えられた最終プログラムは、いまや作成者の予想を超える能率で、ルーチン的に、与えられた作業を順調に進めていった。ある意味で、戦国時代、強大な甲斐の武田氏が織田氏によって最後には意外にあっけなく滅ぼされたように、この強敵に対する総攻撃も、もはや最終段階に入った感があった。

同年六月末、ついに最後の検査が完了した。約二〇〇〇個の可約配置からなる不可避集合が得られた。最後の拠点が陥落したその瞬間に、百年以上にわたって数学者を苦しめてきた難攻不落の四色問題城は、ついに落城したのである！

伝えられるところによると、それは六月二五日、ちょうどハーケンの四八歳の誕生日のことであったという。これが事実ならば、ハーケンにとっては、この日こそ、まさに生涯最良の誕生日であったろう。

しかし、この城はあまりにも巨大であったから、落城したとはいえ、まだ慎重な「残敵掃討」が必要であった。

四色問題解決のうわさは拡がったが、まだイリノイ大学内でも、関係者以外には公表されなかった。アッペルとハーケンは、ただちに結果の総合的な再検討と、それを論文にまとめる作業にとりかかった。

このときまでに彼らは、四年間かかって、三つの別々の計算機で、総計一二〇〇時間（一説には一五〇〇時間）の計算時間を費していた。そのうちには、イリノイ大学に設置されたばかりの、当時世界最大級であったＩＢＭの最新鋭機も含まれている。しかし、当初一〇〇時間くらいという予想が、一桁ふえたのは、むしろかなりよいかんであったといえる。印刷結果は、全部つみ上げると、一・二メートルの高さになったという。計算機使用料は、正規に支払ったら、当時のレートで一〇万ドルを超えたであろうといわれる。

最終的な放電手続きは、最初のものに比べると、危険な近傍の発見による数百の変更があった。それには正の電荷の頂点の近傍一万個余りの手による解析と、二〇〇〇個以上の可約な配置に対する機械による解析が含まれている。放電手続きだけならば、人手で二ヵ月で検査できたという。しかし、可約性の検討は、計算機なしでは、とうてい不可能であったように思われる。

アッペルとハーケンの得た結果が正しいらしいとなって、ついに七月二二日に、イリノイ大学から「四色問題解決さる」の大ニュースが正式に発表された。まもなくイリノイ大学の数学教室は、その成功をたたえて、FOUR COLORS SUFFICE（四色で十分）というマーク入りのスタ

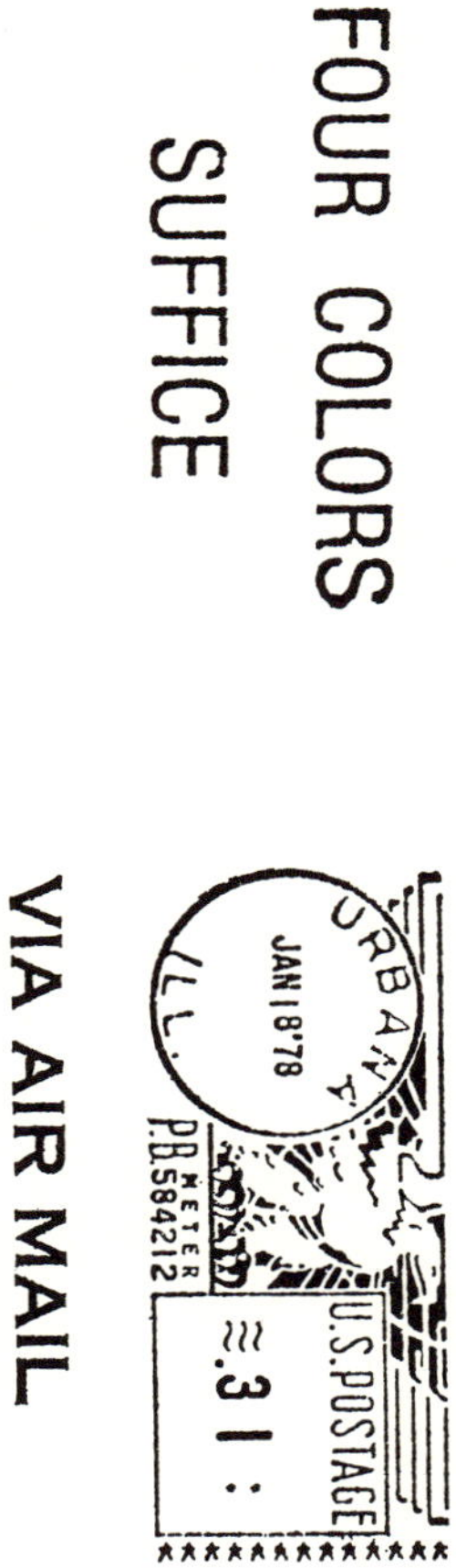

図7･3　イリノイ大学の数学教室で使われていた四色問題の解決を祝う記念スタンプ（原寸大）

図7・4　世界最初のパラメトロン計算機であった電電公社武蔵野電気通信研究所（当時）の「MUSASINO-1」

ンプを使いだした（図7・3）。アメリカ数学会も八月一三日に公式に発表した。

一方、トロント大学も、トロントでのアメリカ数学会の折に、ハーケンによる四色問題解決の発表があることを、八月一一日に予告した。

このころよくアメリカの科学雑誌『Science』のRESEARCH NEWS欄に、数学関係の記事を書いていたコラータ（Gina Bari Kolata）女史は、さっそく同年八月一三日号に、「四色問題・計算機による証明」という要領のよい解説記事を発表した。こうして関係者の間にたちまちこの情報が拡がった。

イリノイ大学の計算センターの体質

ふりかえってみると、アッペルとハーケンがイリノイ大学にいたことは、誠に幸運であったといえる。イリノイ大学は、計算機科学においては、世界のパイオニアの一つなのである。

日本での国産機試作時代の初期に属する、電電公社武蔵野電気通信研究所（当時）の「MUSASINO－1」は、後藤英一の発明にかかるパラメトロンの実用化が主目的だったが、設計はプログラムの互換性をはかるために、イリノイ大学の「ILLIAC1号」をそっくりまねした。

計算機によって作曲された世界最初の音楽といわれる「ILLIAC組曲」を発表したのも、イリノイ大学である。また、一九六三年にメルセンヌ数$2^{11213}-1$が素数であることを示して、具体的な素数の（当時の）世界新記録を作り、一時"$2^{11213}-1$ IS PRIME"というスタンプを使ったのもイリノイ大学であった。

MUSASINO－1の製作と、それによる計算に指導的な役割を果たした室賀三郎が、その後イリノイ大学の電子計算機学科で花形教授として活躍したのも偶然ではあるまい。

非同期回路をフルに活用したILLIAC2号は、前記のメルセンヌ素数の探索に、IBMの当時の最新鋭機の数倍の能率をあげたという。さらに、イリノイ大学は一九六六年には、多数の処理装置を並べた同時並行処理計算機ILLIAC4号を作ることを発表して、世界を驚かせた。不幸にしてILLIAC4号は十分に成功をみず、数年後に計画が放棄される。その直接の原因は、大学紛争の余波で、学生が軍からの研究費反対で騒ぎ、爆弾騒ぎまで起こしたためとい

図7・5　イリノイ大学の計算センター

われている。他にもいろいろと、超並列高速計算機の困難性に関する裏の事情を耳にしている。

ＩＬＬＩＡＣ４号の失敗はあったが、ともかく、イリノイ大学の計算センターは、このような歴史の一部をみても、単なる計算サービスだけでなく、大型計算機をいろいろと毛色の変わった問題に積極的に活用して、新しい研究に利用することを、進んで奨励する雰囲気であった。

組み合わせ問題などに関するプログラムや知識も、普通の大学とは比較にならないほどととのっていた。四色問題の研究に、総計一〇〇〇時間を超える計算機の使用を快く割りあてた。もちろん、計算センターは、大学全体の共同利用施設であり、授業や他の研究にも使われるので、アッペルらも、単に多くの利用者の一グループにすぎなかった。しかし、そのおかげで、出力を見てプログラムの修正を考える、といった余裕が生じ、かえって計算機を有効に使えた感がある。

この仕事の途中で、ＩＢＭの超大型機が導入され、これが比較的すいていたため、ある程度専有的に使えたことも幸いしたといわれる。毎日三〇分ずつの割り当て時間をもらって、それにあうようプログラムを用意したと伝えられる。

彼らの作ったプログラムが、ほとんどＦＯＲＴＲＡＮのような「標準言語」でなく、アセンブラ（機械語）で書かれていたのも、象徴的である。

この種の特殊目的に特化した計算を、汎用大型計算機で効率よく実行するためには、当時はそれが当然の方向だった。ただその後、似たような数学の形式的証明のための言語が開発されてきている。次章で述べるが、そのような言語を活用した「別証明」も実行されている。

それはともかく、アッペル、ハーケンらの大成功の陰には、イリノイ大学の計算センターのこうした伝統的な雰囲気が、本質的な貢献をしたことを忘れてはなるまい。そのような「縁の下の力持ち」が、学問の発展に、本質的な役割を果たすものである。

130年来の難問が解けた

どんな地図も四色で塗り分け可能
これを証明せよ

根気と電算機と
二千例をコツコツ検証

米の二数学者

まるで値上げ資料集
50年度の国鉄決算

変わる証明の概念
電算機利用は不可欠に

四色問題、解決の意義

図7·6　四色問題解決を報ずる当時の新聞（『朝日新聞』より）

私のかかわりあい

ここで、いささか私事になるが、筆者自身が四色問題の解決をどうして知ったのか、について一言したい。

一九七六年七月下旬のこと、筆者は当時、佐藤大八郎教授の御尽力で、カナダの中部レジャイナ（サスカチェワン州の都市）大学に客員研究員として招いていただいていた。八月に帰国する途中、ニューヨークに立ち寄る折に、かねてから文通していた前記のガードナーに連絡して、お目にかかりたいといった、その手紙に対する返信が届いた。たしか七月二六日のように記憶している。その手紙の末尾にさりげなく、「詳しいことは知らないが、最近イリノイ大学の数学者が、計算機によって四色問題を解決したそうだ」と書かれていた。

ガードナーは、しばしばこうしたニュースの仲介者の労をとって下さる。実のところ、最初は、前章で断片的に言及した「乱れ飛ぶ誤報」のせいもあって、それほど深く気にかけなかった。ところが、佐藤教授が大いに興味をもち、あちこちに問い合わせて下さった結果、どうやら今度は本物らしいということになった。

帰国まぎわの思いがけないときに、とんだハプニングであったが、ニューヨークに行って、ガードナーの自宅で前出の『Science』に載ったコラータの解説記事を見せてもらったりしたとき、どうにか筆者も確信をもつようになった。それで日本に手紙を書いたが、日本への第一報は、現場のイリノイ大学教授（当時）竹内外史だった。竹内は、東大で筆者と同級であり、佐藤の先生（東京教育大学（当時）での）でもあるので、これまた不思議な縁という気がする。

筆者は、それからドイツでの国際会議に出席して、八月末に帰国したが、佐藤は、当初の予定を変更し、急遽トロントでのアメリカ数学会年会に出席し、ハーケンの講演を聞いてきた。また、ハーケンに直接あって裏話を聞くなど、いろいろの材料を集めた。その上で日本に知らせるべく、朝日新聞社に国際電話をかけて、「初版はしがき」に書いた八月三〇日付の報告になったのである。ついで『数学セミナー』の一〇月号に、「四色問題——ついに解決！」という竹内の報告が載った。数学好きの読者の中には、書店の店頭でこれを見て、びっくりした人もあったと聞いた。何よりも同号の編集後記の次の記事は、このような稀有の大ニュースに接したあわただしい状況をよく表している。

「一九七六年八月九日、アメリカ・イリノイ大学の竹内外史教授より『四色問題が解決した』との朗報を受けとる。編集部一同、仰天そして半信半疑。目下、学会で審査中とのこと。本当であれば、一日も早く大ニュースとして取り上げるべきだし、万が一、何かの間違いであれば掲載すべきでない。迷いに迷った挙句、もし間違っていた場合は、どこがどう間違っていたかを改めて掲載しよう。正しければ、それは万々歳だ。そして、最大限の無理をして、今月号に掲載することに決定。

同月一九日、ニューヨーク滞在中の一松信教授より、『四色問題解決の噂は本当らしい』との一報が入る。直ちに同時掲載を決定。その直後、アッペル、ハーケン両氏の写真到着。——

実に緊迫した月だった」

『数学セミナー』のちょうちん持ちをするわけではないが、在外の日本人研究者たちが、いわば私設特派員の役をして、世紀の大ニュースをいち早く知らせてくれたのは貴重と思う。

竹内外史の紹介記事「ホット・ニュース・四色問題——ついに解決!」は六ページの短編だが、ケンペの方法、放電法 (discharging procedure と原語で記述)、計算機の使用、と分けて、簡にして要を得た解説である。

この記事は、平成二五年（二〇一三年）に刊行された、数学セミナー創刊五〇周年の記念号『数学の50年』のうち、「私の思い出の記事」の一つに選ばれて復刻されている。ある意味ではもっと「重要」な報道記事もあったが、いち早い「スクープ記事」として、同誌の歴史を飾る記念碑的な論文の一つだったと確信する。

トロントの学会

前にも述べたように、一九七六年八月二四日から二八日まで、トロント市で、アメリカ数学会の年会が開催された。アメリカの学会がカナダで開かれることは、それほど珍しいことではない。しかし、この学会でハーケンによる四色問題の解決が発表されることになったので、俄然大変な騒ぎになった。

この講演がハーケンによって行われたのは、もう一人のアッペルが、同年夏休みにヨーロッパにでかける計画をたてていて、トロントの学会に出席しなかったからである。講演の題は、初めは「困難性」の予定だったが、幸いその直前に証明が完成したので、「解決」と変更された。講演会場も、急遽大講堂に変更されたらしいが、それでも大混雑であったという。

ハーケンの講演は、八月二五日午前一〇時から行われた。筆者は後に佐藤が録音したテープを聞かせていただいた。それは二〇分ほどのあっさりした概要にすぎず、それだけでは、よくわからない所が多かった。多少とも筋がわかるようになったのは、この本に述べてきたこれまでの経過を知ってからである。実際、この講演は、百年来の大難問の解決という、世紀の大発表（？）とは思えないような、淡々とした感じの話し方であった。出席した大家たちの印象は「どうやら今度は本物らしい。しかし、計算機を使ったとなると、検査が大変だろう」というようなところであったらしい。

前出のテュッテもそのあとで「万一の誤りの可能性が絶対にないわけではないが、筋は正しい、たぶん本当のように思う」と語った由である。

もっともこの発表に反撥した数学者も少なくなかった。哲学者のティモツコは「これが証明というのなら『証明』の概念を変化させる」と反対した。「ブラックボックスから出てきた証明は一切拒否する」といった権利を主張した保守派もいた。しかしこれを煎じつめると「直接見えないものは信じない」となり、自然科学での多くの「実在物」を否定する時代錯誤になりかねない。「本当に解決されたのか」については改めて考察する。

発表された論文

前出の紹介記事のほか、彼らの論文の速報が、まもなくアメリカ数学会誌の同年一〇月号に発表された。これは異例の速さである（この頃は短い論文でも、たいてい一年から二年かかるのが普通である）。これも同年九月にはすでにプレプリントの形で入手できたが、ごくあっさりした、二ページほどの記述であって、それだけ読んでも、すぐにはよく理解できなかった。

もっともまもなく、彼らの論文自体がプレプリントの形で配布された。竹内外史から矢野健太郎、日本評論社を経て、筆者も同年一〇月にはそのコピーをいただくことができた。その後、島内剛一による解説が『数学セミナー』に、広瀬健による解説が『ｂｉｔ』に載り、すでにお読みになった方も多いと思う。アッペル＝ハーケンの論文の序文（歴史的展望）と文献表とは、いち早く、

Journal of Recreational Mathematics, 9巻 3号, 1976/77年, pp. 161～168.

に掲載された。余談ながらこの雑誌は、その題名から、程度の低い雑誌のように思われるかもしれないし、実際、日本でこの雑誌をとっていた大学はごく少数のようである。しかし、その内容をみると、数学パズルから派生した組み合わせ論、グラフ理論などの高度の研究がよく載っており、また計算機による問題の解決や、稀には「計算機芸術」まで載っていて、計算機科学者にとっては重要な雑誌の一つでさえあった（二〇一四年休刊）。

少し脱線したが、彼らの論文自体も、次に発表された。

K. Appel and W. Haken, Every Planar map is Four Colorable, I. Discharging, Illinois J. of Math. 21巻 3号, 1977年, pp. 429～490.

K. Appel, W. Haken and J. Koch, 同じ題, II. Reducibility, 同じ雑誌, pp. 491～567.

この両論文は、ともに半分以上が図であり、歴史的解説と考え方の説明を除くと、要点はごく短い。第一部『放電法』は、付図の配置のどれをも含まない地図（必ずしも平面地図とは限らない）は、適当に放電操作をすると、正電荷が完全に消えてしまう、という**放電定理**が中心である（この図は『数学セミナー』一九七七年四月号に再録されている）。この証明は少しやっかいなものの、一つずつについて放電のしかたが図示されているだけで、もし気になるなら、一つ一つ各自でためしてみろ、という調子である。もっとも、これはハーケンが解説しているように、やる気になれば、手でも二ヵ月くらいかければ確かめられるらしい。

第二部『可約性』は、付図の二〇〇〇種近い配置がすべて可約であることの説明であって、D可約、C可約が確かめられたものに、それぞれD、Cと記されている。この図が証明の本質的な部分である。そのうち、プレプリントに載った図は、『数学セミナー』一九七七年五月号と、『bit』一九七七年九月、一〇月号に転載されている。

著者たちは何もいっていないが、その表中最初のものはバーコフのダイヤモンド（図5・8）、第二、第三のはフランクリンとベルンハルトによるその拡張であり、第四のはタイアスの鉄橋（図5・14(i)）というように、歴史的にも有名な配置が多い。前記四種のうち、第三のがC可約、他がD可約である。また、アレアからもらったものもある。そのすべてにCまたはDという記号（C可約、D可約を示す）がついており、C可約のやっかいな選択がいるものにのみ、別表にその選び方が注意されている。しかし彼らが新たに発見した可約配置が、全体の四分の三以上の一四八二個あるというのだから、この意味でも、在来の成果だけでは解決にはほど遠かったわけであろう。その総数は、コラータの解説記事には一九三六個とあるが、プレプリントの図には空白（欠番）が多く、総計一八七九個に減り、さらに発表された論文では一八三四個になっている。おそらく整理して統合されたものが多数あったのだろう。

彼らの研究中、ハーケンの子供たちが、手による検査を手伝ったという。放電手続きだけなら手による検証も不可能でなく、実際、査読者は、それを彼らの完全なノートによって検査した。しかし、可約性のほうは、独立な計算機プログラムによって、ランダムに抜いたサンプルについて検査して、承認したということである。

したがって、この可約性に対して、追試が望まれるところである。実際、すぐにあちこちで始められ、何時間ですむかという記録争いも考えられたという。パイオニアの場合と違って、追試はずっと早くすむ。全体で数時間という楽観論さえあった。最終的に彼らの結果は次の単行本として出版されている。

K. Appel and W. Haken, Every planar map is four colorable, Amer. Math. Soc. 1989.

本当に解決されたのか？

四色問題のような永年にわたる歴史的な大難問となると、「解決された」といっても、本当に完全かという疑念がつきまとう。ましで計算機による大量検査の結果とあれば、当然その追試が欠かせない。もっとも前出の解説記事で竹内外史が指摘している通り、「計算機で証明するのでは正しいかどうか分からないという人もあるが、それはもちろん当たらない。証明をチェックするのと同様に、計算機のプログラムをチェックすることが出来るのだから問題はない」のである。

アッペル＝ハーケンの最初の論文にいくつか細かい誤りがあったことは事実だが、それらは致命的ではなくすぐに訂正された。興味深いのは、その誤りのほとんどすべてが、計算機による検証の部分ではなく、その前の人力で整理・検査した部分にあった点である。

計算機による可約性の判定は、その後何人かの人々が再検証して、特に誤りは指摘されていない。むしろ課題は不可避集合の側にあった。前に述べた**放電法**は一つの証明手段であり、具体的な放電手順は無限にある。そのどれを選ぶかは、極端にいえば一種の霊感である。ともかく一つの方式を定めて最終的に正電荷が完全に消える地図を除外すればよい。

この操作は放電手順を定めれば、あとは完全に機械的にできるが、アッペル＝ハーケンは当初は手で確認していた。そこに思い掛けない陥し穴があったらしい。

また図に細かい書き誤りがあったのも事実である。特に一九八〇年秋に当時アーヘン工科大学の大学院学生だったシュミット（Ulrich Schmidt）が全体の再検討を始め、一九八二年五月に同工科大学報告にいくつかの誤りを報告した。日本でも再検討を実行して、三ヵ所誤りを発見した方がある。しかしそれらはすべて放電手続きを修正して訂正できた。

ハーケン自身もこれらの修正に成功し、前出の単行本ではすべてを正しく訂正している。

他方一歩遅れたが一九七七年九月に、ヘーシュがデューレおよびミーヘ（F. Miehe）と共著で、計算機による二六六九個の可約配置からなる不可避集合を発表し、ある意味で（同じ程度に複雑だが）「別証」に成功した。

といった次第で、この成果にけちをつけたい（？）という気分もあって、一時は「誤っている」という噂がいろいろと流れた。しかしいずれもすべて修正されて、結果は正しいという結末になった。

これ以後の話は最終章にゆずるが、近年では大規模な数学証明システムを構築して、四色問題の「もっと簡単な」（といっても計算機による）別証がいくつか行われている。

したがってもう「四色問題は**解決された**。いまや**四色定理**とよぶべきだ」と宣言してよいだろう。

第八章　解決の余波

——計算機による証明の意義

怪物のあとしまつ

四色問題解決をめぐって

四色問題は解決された。したがって以後**四色定理**とよぼう。しかしその証明が伝統的な数学の手法とは異質だったので、多くの議論をよんだ。その方法は昔ケンペが試みて失敗した（第二章参照）議論の修正である。事実上オイラーの定理を利用した放電法と、ジョルダンの曲線定理を活用したケンペ鎖の色の交換といった「素朴」な手法を、極限にまで広げた形である。

とすればもっと簡単な伝統的な数学流の証明がないかという疑問が湧く。次に計算機による数学の定理の証明の意義が問題になる。もっともこれはそれ自身一冊の本になる題材であり、以下では少数の実例で軽く触れるだけである。最後にこのような大規模な計算機使用が不可欠な問題が他にもあるかという疑念を論じる。

この最終章では前記の三課題について若干の私見を述べて結びとしたい。

前章の扉で、計算機が怪物を叩いて退治したイラストを描いてもらったが、これは一つのイメージにすぎない。

振り返ってみると、四色問題の解決は、残念ながら（？）一部の数学者が期待した（？）ような、画期的な新アイディアによるもので、それが数学の他の分野にも応用されて大発展の契機になるような方向ではなかった。問題そのものもむしろ数学全般の中では「孤立」した課題であり、その解決そのものが、ただちに数学の諸分野に大きな影響を与えるものとも考え難い。

その意義はむしろ、計算機による多量の検査に基づく証明の価値や意味に本筋がありそうに思う。計算機科学全体からみても、当初は極めて特殊な一例という印象だった。しかしただちに大きな衝撃を与えるものではなかったにせよ、そういう道を開いた点に、歴史的な価値があったといってよさそうである。

以下の記述で、数学の専門用語を説明なしに使った場面が多い。これはある程度数学になじみの深い方への略説であり、知らない用語はとばしてよいという気持ちでの簡略な解説であることをお断りしておく。


もっと簡単な証明はないか？


四色問題は解決されたが、その証明は（その後の別証も含めて）余りにも長大なものだった。もっと簡単な証明がないものか？

そういう可能性がまったくないとは断言できない。しかし本書で述べた長い歴史を振りかえると、ハーケンが喝破した通り「そういう証明がもしあるのなら、とっくに見つかっていてよい」というのが真相に近いと思う。

数学の歴史を調べると、最初は大変な計算（計算機も使用）によってやっと証明できた命題が、後にエレガントな簡単な方法で証明された実例がいくつかある。しかし四色定理にそれを期待するのはお門違いの印象である。

第一章・第二章で述べたとおり、五色塗り分けは、その可能性の証明も実際に塗る作業も易しい。国の数の多項式（最悪でも三乗以下）の手間でできる**P問題**である。

これに対して四色塗り分けは、その可能性を仮定しても、実行には第三章で述べたテイトの算法（頂点に＋、－の符号をつける）が効率的だが、それは事実上 2^n（nは頂点の数）個の全数検査に近い手間を要する「困難」な作業である。符号づけができれば、以後の塗り分けは機械的に、国や境界線の数に比例した手間でできるP問題なので、全体として典型的な「非決定論的多項式手間」の、すなわち**NP問題**である。

詳しいことは他の専門書に譲るが、P≠NP?という問題は、クレイ研究所の懸賞金つき問題の一つに取り上げられている程の難問であるが、多くの数学者はP≠NPだと信じている。

もちろん四色塗り分けの操作自体がNP問題だとしても、その可能性の証明が難しいとは限らない。しかし四色定理の証明は、結局のところバーコフの第一の見解（第五章）、あるいはヘーシュの予想（第六章）が正しかったという「幸運」によってなしとげられた。その後の「別証」もすべて同じ線に沿っていて、まったく別の道は考え難い。

アッペル、ハーケンらが求めた可約配置からなる不可避集合は、彼らも注意している通り、けっして最小個数のものではない。ただ結果的には、それまでに知られた手法の範囲で「手間が最小」の個所を狙い、彼らのかんがほぼ適中して成功したといえる。むしろ随分簡単な証明で済んだとさえいってよいかもしれない。だから「改良」は十分に可能で実際に行われたが、極度の簡易化は望めそうもない。

例えば近年数学証明システムCoqによって、かなり「簡単」な別証が発表された。論文は、Georges Gonthier, Formal Proof—The Four-Color Theorem, Notice of Amer. Math. Soc., 55巻11号, 2008年, pp. 1382~1393.（もとはN. Robertsonらの研究（一九九七年）の追試）である。ヘーシュやアッペル＝ハーケンらは、どちらかというとまず不可避集合を探して、その個々の配置の可約性を調べた印象である。それに対してCoqによる別証では、逆に既に知られた確実な多量の可約配置をできるだけ集めて、それらの中から不可避集合を抽出するという方向をとっている。その結果僅か六三三個の可約配置で十分だった。

ムーアの例（第六章）で一二連環国の列が不可欠なことを考えると、これ以上大幅に可約配置の個数を減らすことは困難と思われる。

今後ともさらなる「改良」は期待されるが、計算機を使わず、数ページで済むような「伝統的数学」的な証明は、絶対にないと断言はできないものの、恐らく絶望的だろう。カイネンも結論中に同様の悲観的な意見を述べている。

計算機を使ってはいけないのか？

前章でも引用したが、アッペル＝ハーケンの論文に対して、当初計算機を使ったこのような議論は、数学の証明ではないという極論もあった。今から振り返ると、これは批判というよりもぐちというか、大きなパラダイム・シフトに直面した困惑の印象である。

しかし今でも計算機使用（支援）の証明を忌避する数学者は少なくない。数学者が計算機による証明を忌避する心理についても、それ自体面白い研究が多いが、アッペル＝ハーケンの言を引用しておこう。

「とくに高速計算機の発展以前に教育を受けた多くの数学者は、計算機を標準的な数学の道具として使うことに抵抗した。彼らは全部または一部が手計算で簡単に検証できない議論は、数学的に弱いと感じた。……」

確かにこれまでの伝統的な数学の証明の多くは適当に短く、高度に理論的であり、その結果の正否を直接に手で（むしろ頭で）検査するというのが最良（あるいは唯一）の方法だった。

しかし他方、計算機という強力な道具ができた以上、「食わず嫌い」をして活用しないのは有利でないという意見も強い。昔のようなエレガント（？）で数行で済むような数学ばかりに凝っていては、自らの見識を狭めるという意見もある。極論すればこれは「趣味」の問題かもしれない。

　これまでにも計算機活用（ないし支援）による数学の定理の証明の例は多数ある。筆者自身の体験ないし身近な関連話題もあるし、今後意外な形での発展が数多く現れると思う。以下の記述例はむしろ少数の「特例」にすぎず、四色定理の本題とも関連が薄い。しかし一つの体験談として記録しておきたいという気持ちで敢えて記述した。

計算機による証明の初期の例

　電子計算機の発展のごく初期（一九五〇年代）から、すでに人工知能研究の一環として、電子計算機による数学の定理の証明が試みられている。

　たぶんその最初は、一九五〇年代の初めに、最初の商業的計算機によって『プリンキピア・マテマティカ』（といってもニュートンの大著ではなく、ラッセル、ホワイトヘッドによる数理論理の教科書）の最初にある百題余りの記号論理式の証明に成功した記録だろう。しかしこれは人間にとっては「暗号」のような式だが、計算機にとっては論理回路の基礎公式であり、「できて当然」の結果だった。

　それよりも一九六〇年代の初め、日本の数学基礎論のグループが、当時の試作的国産機に「述語論理式」の証明をやらせ、最後は「準群の左単位元 e_L と右単位元 e_R とは相等しい」という定理

図8·1 『Scientific American』誌の表紙を飾ったオイラー方陣10位の図（口絵参照）

の証明に成功したのが有意義だった。一時は「大学院級の知能」などといわれた。しかしこれらの用語の定義を知っている人には自明に近い結果である。積 $e_L \cdot e_R$ が一方では e_L に等しく、他方では e_R に等しい、という「単純な」推論にすぎない。ただしそのためには、A＝B かつ B＝C なら A＝C といった基本公式を教えておき、$e_L \cdot e_R$ という組み合わせをうまく発見させる必要がある。決して「簡単な」作業ではなかった。

計算機による成果としては、歴史的にはむしろ「反例」の発見のほうが重要だったかもしれない。一例として、「フェルマーの最終定理」を一般化した、$x_1^5 + x_2^5 + x_3^5 + x_4^5 = y^5$ に自明でない正の整数解がないだろうという予想に対して、

図8･2　計算機も人見知りする，使用者の顔色をうかがって適当に動く（？）

$$27^5+84^5+110^5+133^5=144^5$$

という反例を発見した（一九六六年）話がある。$x_1^4+x_2^4+x_3^4=y^4$にも後年「反例」（具体的な数値例）が発見されている。

他の例は一九五八年に、奇数の2倍位数のオイラー方陣は不可能だろうという「オイラーの予想」が誤りで、実は2、6以外はつねに可能という結果が示された件がある。10位のオイラー方陣の図は、『Scientific American』誌の表紙にも取り上げられたことがある（図8・1）。しかし当初計算機による探索は失敗した。しかも後に「できた」という話が伝わってから再稼動したら、たちまち何十という実例が出力されたという伝説がある。計算機も使用者の心理を読んで、「人みしり」をしていた（?）という冗談もとんだ。

それよりも初等幾何学の定理の証明の話題のほうが面白い。本題からは外れるが、筆者の体験もあるので、要点を書き残しておく。

計算機による初等幾何学の定理の証明

一九六〇年代に、東京教育大学（当時）の西村敏男が、ユークリッド『原論』第一巻の最初のいくつかの定理を、計算機に証明させるのに成功したといって評判になった。特に哲学者の間で話題になった。しかしそれは、目標とする結果を証明するのに必要（かつ十分）な基本定理を用意して、それから演繹（えんえき）する手法だった。いわば先生がすっかりお膳立てをして、生徒にその通りやらせた作業だった。

だから必要な基本定理が完全に準備されていないと惨めな結果に終わる。当時の計算機は記憶容量が小さかったから、空しい努力の末に記憶装置が満杯になってお手上げになった。

しかしそれよりも面白い（？）のは、余分な基本定理を与えた場合だった。例えば二辺夾角の合同定理を使って証明できる問題に、わざと二角夾辺の合同定理をも与える。すると計算機は「誤ったヒント」に騙（だま）されて、後者を使おうと空しい努力の末にお手上げに終わる。

こういう形の教育を生徒に対して実行するのは、「他人のいうことを無条件で信用するな」という社会教育には有効かもしれない。しかし下手をすると、教師や数学に対する不信感を与えて逆効果になりかねない。

ともかく西村のこの研究は、「目標の結果を示すのに必要な基本定理を確定できれば、解けたも同然」という、いわゆる「一本の補助線の発見」の意味を再認識させた点に意義があった。

これはむしろ「計算機にやらせる」こと自体に意義のある研究だったが、中国科学院の呉文俊の研究はもっと前向きだった。

ヒルベルトの幾何学基礎論の公理系のうち、順序の公理を使わずに済む、等式で与えられる結

図8·3　コンピュータによる幾何学の定理の証明

果は、タルスキ（Alfred Tarski）が「決定可能」であることを証明した。すなわち正しいか否かが、原理的には計算機で判定可能である。だから図を描いて、もっともらしい命題を得たら、それを計算機で検証して、もし正しければ定理として証明できたことになる。それを実行したのが呉文俊である。

一九八〇年代に筆者が中国を訪問した折に、呉文俊に直接お目にかかってその成果を伺う機会があった。当時の計算機（ミニコン）は動作が遅く、一つの命題の検証に一日近くかかることもあり、停電対策に苦労したとのことだった。しかし自分が知らなかったという意味で「新しい」（実は後に調べたら一九世紀に知られていた）定理をいくつか発見したそうである。この成果は中国語で発表され、間もなく英訳も出た。しかし次の論文集のほうが内容も多岐にわたって重要と思うので参考までに挙げておく。

Wu Wen-Tsun（呉文俊）, Mathematics Mechanization, Science Press/Kluwer Academic Publishers, 2000.

今日ではこの方向は「イデアルのグレブナー基底の構築」という形でまとめられ、数学の一分野になっている。その他にも初等幾何学の定理を計算機に証明させる試みは、各国でいろいろと行われている。

だからといって伝統的な初等幾何学の教育が不要ということにはならないと思う。幾何学の結果を計算で示すのは、デカルトの座標幾何学以来の一つの方向だが、多くの場合手間が大変で、必ずしも有利な方法ではないからである。

むしろこの種の成果は、数学教育の反省・見直しにつながるのかもしれない。それについて若干の私見もあるが、ここで論ずるのは控える。目下進行中の「東大ロボ計画」（東京大学の入学試験問題を計算機に解かせる作業）あたりから、新しい進展が現れるかもしれない。

有限単純群の場合

前節のような試みでなく、数学研究そのものに本質的に計算機が活用された例も少なくない。実例を挙げればきりがないが、前に少し触れた「有限単純群の分類」での計算機利用は、四色問題の解決とほぼ同時期に実行されて話題になったので略述する。ただしこの話はそれ自体、百数十年に及ぶ数学の一大プロジェクトであり、どなたかに改めて詳しく解説してほしいと思う話である。

この方面では、総計一万ページ以上に及ぶ研究成果を再編成しようという新しい試みを解説した、次の興味深い記事がある。

Stephen Ornes, The Whole Universe Catalog, Scientific American, 2015年7月号, pp. 68～75. 日本語訳（宮本雅彦監修）『巨大分類定理を継承――数学者たちの挑戦』、日経サイエンス、同年

一一月号。

この記事では有限単純群を、巡回群・交代群・リー型の単純群・散在型単純群の四族に分類している。これは正しいが、「大多数」の単純群がこのうち第三の族に属するので、そこはさらに細分したほうがよい。最小限、典型群族六系列と、例外型群族一〇系列の区分が必要と思う。

二六個の散在群も、さらに五類に細分されるのが普通である。前記『日経サイエンス』の記事の口絵には、さりげなく全一八個の無限系列と、二六個の散在群の表が載っている（ただしその記号は、例えば岩波『数学辞典』第四版の表と若干の差がある）。

有限単純群の研究史は、群論そのものの発展史でもあり、それ自体興味深い。しかしここで述べる計算機の活躍はその最終段階だけである。一応分類が完成したと信じられていた一九六四年に、ヤンコー（Z. Janko）がトンプソン（John G. Thompson）の論文中の「見落し」に気付き、百年ぶりに新しい散在型単純群を発見して、センセーションをまき起した以降である。

そのあたりの詳細は、例えば前記『数学の50年』（数学セミナー創刊50周年記念号）に所載の、原田耕一郎インタビュー「有限群論の50年」に詳しい。もっともそこでは計算機の利用にはほとんど触れていない。

散在型単純群が次々に発見されるのに当たって関係者が苦心したのは、その対象が本当に群なのか、特に群の演算について、**結合法則、**

$$(x \cdot y) \cdot z = x \cdot (y \cdot z)$$

が成立するかの検査だった。一見当然のようだが、それを検査するには、機械的な単純な計算を多数回反復する必要がある。そのような作業は、計算機にやらせるほうがはるかに早くて確実でもある。

そのために、有限単純群（特に散在型）の表には、名称（愛称も含む）・記号・位数（要素の総数）・発見者・発見年の他に、**コスト**（それを発見するのに要した費用——主に計算機使用料）という欄が不可欠だという冗談もあった。

実際その費用は当初の数十ドルから急増し、ベビー・モンスター群（コンウェイの命名）では一万ドルに達した。これは数学がもはや「紙と鉛筆で済む」域から脱して、ビッグ・サイエンスの仲間入りをしたことを象徴する事件だった。

そして実際に研究費の使途に関して批判もあった。もっともその騒ぎは間もなく収まった。一度作れば終わりで、毎回それだけの経費を要するものではないことがわかり、またたった一万ドルを他に振り向けても、どれだけの研究成果が上がるのかという反省がされたためである。

しかし最後に残ったモンスター群（これもコンウェイの命名）では、数万ドルの研究費を調達するのが大変だろうと予想された。幸い理論の発展と計算機の普及・強力化により、実際には八千ドル程度で済んだ。

ただしこれらの群のいくつかは、最初の「発見」（徴候の把握）と実際の構成との間に、かなりの歳月がかかっている場合が多い。前記の原田の記述によると、最後（二六番目）に「発見」されたのはモンスター群ではなく、ヤンコーの第四群（一九七四年）とのことである。ただモンスター群は位数がとび抜けて大きい（五四桁の数）。第二位のベビー・モンスター群は三四桁の数である。だからこれは「発見」というよりも、文字通り「怪物の誕生」といいたい状況だった。

ともかく一九八〇年代の初頭には「分類の完了宣言」がされた。しかし完全に完了したといえるのは、二〇〇四年に出たアッシュバッハー＝スミス（M. Aschbacher and S. D. Smith）の論文とされている。その後、全成果の要約・再構成が前述のように企画されている。

結果的にはこの方面での計算機の使用は比較的僅かで、縁の下の力持ちだった。しかしやはり計算機がなかったら、「やる気がしなかった」かはともかく、完成までにもっと時間がかかっただろうと思う。その意味で若干枝道ながら、あえて紹介した次第である。

球の充塡問題

四色問題のように、その解決に計算機の大量使用が不可欠な数学の難問が他にもあるか？　前

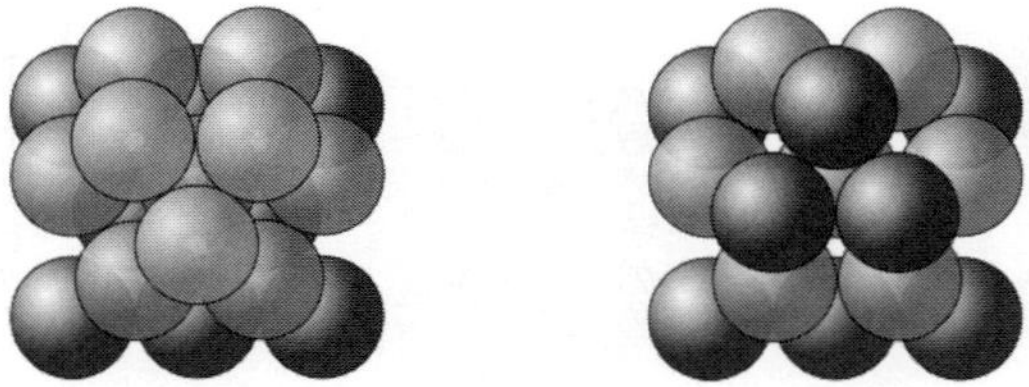

図8・4　面心立方格子の一部

出の紹介論文で竹内外史は「現在そのような問題が他にあるとはちょっと考えられない。しかし（中略）……案外沢山見つかるかもしれない」と述べている。そのような問題の一つが、**ケプラー予想**だった。ただしこれは天文学の問題ではなくて、球の充塡という純粋に数学の問題である。以下それについて若干述べる。

これについては次の詳しい解説書がある。

George G. Szpiro, Kepler's Conjecture, 2003. —日本語訳（青木薫訳）『ケプラー予想』、二〇〇五年、新潮社、二〇一四年に新潮文庫版。

要は三次元空間で同大の多数の球を詰め込むとき、**面心立方格子**ないし**六方最密格子**の形に積むのが最密だろうという予想である。その由来・歴史も同書に詳しい。

球全体の配列を格子状と限定すれば、これが正しいことをガウスが証明した（一八一五年）。これは正規の論文ではなく、質問に対する返答の手紙（ドイツ語）だが、全集に収録されている。ただしこのガウスの判定法は、最密候補の格子が与えられた時に、その正否を判定する方法である。最密格子自体を求める（これはNP問題と思われる）具体的な手段ではない。

この問題は四色問題以上の（四百年に及ぶ）古い歴史をもつ。多くの紆余曲折を経て、一九九七年暮れに米国のヘイルズ（Thomas C. Hales; 1958～　）によって解決された。しかしそれは一つの球に接する他の球の接点を結ぶネットの形状三千種以上を計算機で検証するという、四色問題の場合以上の大掛かりな方法だった。

そのためにその証明が本当に正しいかが大問題になった。その具体的な意味はともかく、検証して「九九・九九％正しい」という報告もあった。ヘイルズ自身も計算機による証明支援システムを作成し、二〇一四年に最終的に正しかったと宣言している。

図8·5　トマス・C・ヘイルズ

図8・6　12球の正二十面体状の配置

球の接触数の問題

球の充塡問題と関連して、この問題がある。これについては一七世紀に三次元球の**接触数**（接吻（キス）数）、すなわち一つの球に同大の球がどれだけ多く接し得るかの上限について、ニュートンとグレゴリーの間で大論争があった。立方八面体を考えて一二個と主張したニュートンに対し、正二十面体の一二頂点を考えて、もしかすると一三個置けるかもしれないと主張したグレゴリーとの対決である。結局双方ともそれ以上のことは証明できず、物別れに終わった。以後これは**一三球の問題**とよばれる。

これについても前記の書物に詳しい。一九世紀末からいくつかの研究（証明もどき）が現れた。

接触数が12であり、一三個は置けないという結果について、最初の完全な証明とされているのは、ドイツのシュッテ（Kurt Schütte; 1909～1998）とオランダのファン・デア・ヴェルデン（B.

L. van der Waerden; 1903〜1996）との共著論文（一九五三年、ドイツ語）である。これはほぼ同時に二人が独立に証明したので、相談の上共著論文にまとめて発表したものである。

その証明はもちろん計算機とは関係ない。少し後に（一九五八年）英国のリーチ（John Leech; 1926〜1992）が僅か二ページの「初等的証明」を発表した。しかし今日ではこれは「証明への一つの戦略」の記述にすぎず、原文だけでは完全な証明とはいえないとされている。その後まったく別の立場からの証明もされている。

これが意外と難しいのは、一二個の配置が無限にあることと、中央の球を少し（5％位）大きくすると、そのまわりに一三個置けることが既知などのせいである。

以上は三次元の場合だが、他の次元で接触数が既知なのは1（2）、2（6）、3（12）、8（240）、24（196560）——数字は次元、かっこ内は接触数——だけだった。しかし前述の書物では未解決とされていた四次元の場合は24であることが、二〇〇三年にロシアのムーシン（O. Musin）によって証明された。この研究には日本の研究者の支援もあった。その最終的証明は伝統的な数学の枠内だが、その鍵となる多項式の発見は、計算機による組織的な探索・試行錯誤・微調整の成果だった。彼は三次元の場合（一三球の問題）にも同様の方法で「簡単」な別証を与えたほか、多くの次元について在来の評価を大幅に改良した。しかしなおこの方面も既知の部分は意外と僅かである。

その解決に、計算機による大規模な検証や支援が不可欠な古典的な数学の問題は、埋もれているだけで、まだ他にも多数あるのかもしれない。

筆者が若干関心をもった例だけでも(名前だけで説明は略すが)、ビーベルバッハの予想(の一部)、一様多面体の全決定、ζ(3)の無理数性の証明、ある種の微分方程式の解の存在と一意性などが思い浮かぶ。これらはむしろ「計算機に支援された証明」の例だが、計算機の大規模使用が不可欠の本格的な難問が今後多数現れることが期待される。

改めて、四色問題解決の意義は

アッペル＝ハーケンは、たびたび引用した四色問題解決の論文中で、いささかにくまれ口めいた意見を述べている。

「もし多くの数学者が長たらしい証明に悩まされるというのならば、それはたぶんつい最近まで、彼らが短い証明を生ずる方法のみにたずさわっていたからであろう……」

哲学者が「証明の定義を変えなければならない」というのなら、変えればよいと思う。(いささか無節操?)

四色定理の証明や、その後のケプラー予想の解決は、あるいはエレガントな古典的理論の限界を示したものかもしれない。こうした大規模な手間のかかる証明を白眼視することをやめて、必要ならば積極的に取り組めと警告しているようにも見える。もしかするとこの点が、一見遊戯的な四色問題や球の充塡問題の解決への、巨大な努力を正当化する最大の論点かもしれない。

四色定理や球の充塡問題の証明が直接に計算機科学方面へ及ぼした影響も、今までのところ見掛け上は余りない。しかし前に引用したCoqのような「数学論証体系」が開発されて、単に四色定理の追試・別証だけでなく、諸方面に活用されている。

計算機による大規模なシミュレーションによる計算理学の方法は、すでに理論・実験と並ぶ第三の科学的手法として根づいている。数学は自然科学とは異なる面が多いにせよ、やはり例外ではない。そのあたりはむやみに悲憤慷慨しても始まらないので、世のなりゆきにまかせたい。ただ「亀がアキレスを追いかけている」（矛盾でなく当然の事実）ような状況が気にかかる。

前にも少し述べたが、アッペル＝ハーケンの最初の論文で、図形の入力に多大の時間を要し、入力が完了すれば完全に機械的な作業なのに、入力作業・その修正作業でいくつかの誤りが発生したという報告には興味がある。入出力が人間と計算機の「会話」の問題点だろう。人間と計算機の理想的な協力関係は、この種の具体的な体験を通して、逐次構築してゆくものであろう。現在では大改善されているが、結果的にはその貴重な体験の一例だったのかもしれない。

四色問題はいまや「一八五二年ガスリー兄弟によって提唱され、一九七六年アッペル＝ハーケンによって解決された」と短い文に要約できる。しかしその文章中にどれだけの大変な苦労が秘められていたのか、その表面を眺めてきたのがこの本である。

参考文献

本文中それぞれの箇所に引用した原論文をここにくりかえすことはしない。四色問題に言及している数学、および数学パズルの解説書は少なくないが、ヒーウッドより後の二〇世紀に入ってからの研究に中心をおいている本は、日本には残念ながらあまりなかった。それで、主として英語の本を引用する。

一筆書きから始まって、初期の四色問題の研究を含む、グラフ理論の古典的諸論文については、次のようなまとまった論文集がある。

N. L. Biggs, E. K. Lloyd and R. J. Wilson, Graph Theory 1736~1936, Oxford Univ. Press, 1976.

四色問題について、一九六〇年代初めまでの重要な結果、および関連話題をほぼ完全に網羅した本としては（第六章で引用したが）、何といっても次の本をまっさきにあげる必要がある。

Øystein Ore, The Four-Color Problem, Academic Press, 1967.

またすぐれた解説者のサーティが、ベル研究所のカイネンと共同で、

T. L. Saaty and P. Kainen, The Four Color Problem——Assaults and Conquest, McGraw-Hill, 1977.

という本を出版した。引用文献が豊富である。

アッペル＝ハーケンの論文（の予稿）を中心にして解説した記事として、次の二つの連載記事が今でも有用である。

島内剛一、「四色問題」、『数学セミナー』、一九七七年二月号〜九月号

広瀬健、「四色問題と電子計算機」、『b・i・t』、一九七七年七月号〜一〇月号

また、解決者アッペルとハーケンによる解説記事が、『Scientific American』の一九七七年一〇月号に載り、次の訳もでている。

「4色問題の解決」（島内剛一訳）『（日経）サイエンス』、一九七七年一二月号、18〜29ページ

本書を書くのにあたって、これらの記事を非常に多く活用させていただいた。

その後さらに次のような文献が出ている。

N. Robertson, D. Sanders, P. Seymour and R. Thomas, The four-color theorem, J. Combinatorial Theory, Series B 70 (1997), pp.2-44.

T. R. Jensen and B. Toft, Graph coloring problems, Wiley, 1994.

R. Wilson, Four Colours Suffice, Allen Lane Science, 2002.

最後の本は日本語訳もある。

ロビン・ウィルソン（茂木健一郎訳）『四色問題』、新潮文庫、二〇一三年

第三章で引用したサーティの解説記事「四色問題の十三の華麗なる変身」も一読の価値がある。これには多数の重要文献表もある。

曲面上の地図塗り分けについては、昔の本だが

ヒルベルト、コーン・フォッセン（芹沢正三訳）『直観幾何学I』、みすず書房、一九六〇年。

後に、紀伊國屋書店より改訂版刊行

中村幸四郎・小松醇郎『多面体論』、岩波講座数学・別項、一九三三年

などにトポロジーの初歩を含めた解説記事がある。しかし、この方面の決定版は、やはり第四章で引用した次の本である。

G. Ringel, Map Color Theorem, Springer, 1974.

日本の読者のために、必要ならば、これらの著書の訳が刊行されることを期待したい。

なお本書の内容と直接の関係はないが、第八章で引用した有限単純群については、簡にして要を得た次の優れた教科書があるので、参考までに挙げておく。

R. Wilson, The Finite Simple Groups, Springer, Graduate Texts in Mathematics, no. 251, 2009.

なお特にモンスター群については、日本語で次の「奇抜な」本があるので引用しておく。

宮本雅彦『「有限群」村の冒険』、日本評論社、二〇〇六年

〈ま行〉

〈や行〉

〈ら・わ行〉

〈さ行〉

〈た行〉

さくいん

N.D.C.415.7　265p　18cm

ブルーバックス　B-1969

四色問題(よんしょくもんだい)　どう解(と)かれ何(なに)をもたらしたのか

2016年 5 月20日　第1刷発行

著者　一松(ひとつまつ)　信(しん)

発行者　鈴木　哲

発行所　株式会社講談社

〒112-8001　東京都文京区音羽2-12-21

電話　出版　03-5395-3524

販売　03-5395-4415

業務　03-5395-3615

印刷所　（本文印刷）慶昌堂印刷株式会社

（カバー表紙印刷）信毎書籍印刷株式会社

製本所　株式会社国宝社

定価はカバーに表示してあります。

ISBN978－4－06－257969－8

発刊のことば

科学をあなたのポケットに

二十世紀最大の特色は、それが科学時代であるということです。科学は日に日に進歩を続け、止まるところを知りません。ひと昔前の夢物語もどんどん現実化しており、今やわれわれの生活のすべてが、科学によってゆり動かされているといっても過言ではないでしょう。

そのような背景を考えれば、学者や学生はもちろん、産業人も、セールスマンも、ジャーナリストも、家庭の主婦も、みんなが科学を知らなければ、時代の流れに逆らうことになるでしょう。

ブルーバックス発刊の意義と必然性はそこにあります。このシリーズは、読む人に科学的に物を考える習慣と、科学的に物を見る目を養っていただくことを最大の目標にしています。そのためには、単に原理や法則の解説に終始するのではなくて、政治や経済など、社会科学や人文科学にも関連させて、広い視野から問題を追究していきます。科学はむずかしいという先入観を改める表現と構成、それも類書にないブルーバックスの特色であると信じます。

一九六三年九月　　野間省一

ブルーバックス　数学関係書(I)

116 推計学のすすめ　佐藤　信
120 統計でウソをつく法　ダレル・ハフ　高木秀玄＝訳
177 ゼロから無限へ　C・レイド　芹沢正三＝訳
217 ゲームの理論入門　モートン・D・デービス　桐谷　維／森　克美＝訳
325 現代数学小事典　寺阪英孝＝編
408 数学質問箱　矢野健太郎
722 解ければ天才！　算数100の難問・奇問　中村義作
797 円周率πの不思議　堀場芳数
833 虚数iの不思議　堀場芳数
862 対数eの不思議　堀場芳数
908 数学トリック＝だまされまいぞ！　仲田紀夫
926 原因をさぐる統計学　豊田秀樹／前田忠彦／柳井晴夫
1003 マンガ　微積分入門　岡部恒治　藤岡文世＝絵
1013 違いを見ぬく統計学　豊田秀樹
1037 道具としての微分方程式　斎藤恭一　吉田　剛＝絵
1074 フェルマーの大定理が解けた！　足立恒雄
1076 トポロジーの発想　川久保勝夫
1141 マンガ　幾何入門　岡部恒治　藤岡文世＝絵
1201 自然にひそむ数学　佐藤修一
1243 高校数学とっておき勉強法　鍵本　聡
1312 マンガ　おはなし数学史　仲田紀夫＝原作　佐々木ケン＝漫画
1332 集合とはなにか　新装版　竹内外史
1352 確率・統計であばくギャンブルのからくり　谷岡一郎
1353 算数パズル「出しっこ問題」傑作選　仲田紀夫
1366 数学版　これを英語で言えますか？　E・ネルソン＝監修　保江邦夫＝著
1383 高校数学でわかるマクスウェル方程式　竹内　淳
1386 素数入門　芹沢正三
1407 入試数学　伝説の良問100　安田　亨
1419 パズルでひらめく　補助線の幾何学　中村義作
1429 数学21世紀の7大難問　中村　亨
1430 Excelで遊ぶ手作り数学シミュレーション　田沼晴彦
1433 大人のための算数練習帳　佐藤恒雄
1453 大人のための算数練習帳　図形問題編　佐藤恒雄
1479 なるほど高校数学　三角関数の物語　原岡喜重
1490 暗号の数理　改訂新版　一松　信
1493 計算力を強くする　鍵本　聡
1536 計算力を強くするpart2　鍵本　聡
1547 広中杯　ハイレベル中学数学に挑戦　算数オリンピック委員会＝監修　青木亮二＝解説
1557 やさしい統計入門　柳井晴夫／C・R・ラオ　田栗正章／藤越康祝
1595 数論入門　芹沢正三
1598 なるほど高校数学　ベクトルの物語　原岡喜重
1606 関数とはなんだろう　山根英司

ブルーバックス　数学関係書（II）

1619 離散数学「数え上げ理論」　野﨑昭弘
1620 高校数学でわかるボルツマンの原理　竹内　淳
1625 やりなおし算数道場　花摘香里＝漫画　歌丸優一
1629 計算力を強くする　完全ドリル　鍵本　聡
1657 高校数学でわかるフーリエ変換　竹内　淳
1661 史上最強の実践数学公式123　佐藤恒雄
1677 新体系　高校数学の教科書（上）　芳沢光雄
1678 新体系　高校数学の教科書（下）　芳沢光雄
1681 マンガ　統計学入門　神永正博＝監訳　井口耕二＝訳　アイリーン・マグネロ＝文　ボリン・V・ルーン＝絵
1684 ガロアの群論　中村　亨
1694 傑作！　数学パズル50　小泓正直
1704 高校数学でわかる線形代数　竹内　淳
1711 なるほど高校数学　数列の物語　宇野勝博
1724 ウソを見破る統計学　神永正博
1738 物理数学の直観的方法（普及版）　長沼伸一郎
1740 マンガで読む　計算力を強くする　銀杏社＝構成　がそんみほ＝マンガ
1743 大学入試問題で語る数論の世界　清水健一
1757 高校数学でわかる統計学　竹内　淳
1764 新体系　中学数学の教科書（上）　芳沢光雄
1765 新体系　中学数学の教科書（下）　芳沢光雄

1770 連分数のふしぎ　木村俊一
1782 はじめてのゲーム理論　川越敏司
1784 確率・統計でわかる「金融リスク」のからくり　吉本佳生
1786 「超」入門　微分積分　神永正博
1788 複素数とはなにか　示野信一
1795 シャノンの情報理論入門　高岡詠子
1808 算数オリンピックに挑戦 '08～'12年度版　算数オリンピック委員会＝編
1810 不完全性定理とはなにか　竹内　薫
1818 オイラーの公式がわかる　原岡喜重
1819 世界は２乗でできている　小島寛之
1822 マンガ　線形代数入門　北垣絵美＝漫画　鍵本　聡＝原作
1823 三角形の七不思議　細矢治夫
1828 リーマン予想とはなにか　中村　亨
1833 超絶難問論理パズル　小野田博一
1838 読解力を強くする算数練習帳　佐藤恒雄
1841 難関入試　算数速攻術　松島りつこ＝画　中川　塁
1851 チューリングの計算理論入門　高岡詠子
1870 知性を鍛える　大学の教養数学　佐藤恒雄
1880 非ユークリッド幾何の世界　新装版　寺阪英孝
1888 直感を裏切る数学　神永正博
1890 ようこそ「多変量解析」クラブへ　小野田博一

ブルーバックス　数学関係書（III）

1893 逆問題の考え方　上村　豊
1897 算法勝負！「江戸の数学」に挑戦　山根誠司
1906 ロジックの世界　ダン・クライアン／シャロン・シュアティル／ビル・メイブリン＝絵　田中一之＝訳
1907 素数が奏でる物語　西来路文朗／清水健一
1911 超越数とはなにか　西岡久美子
1913 やじうま入試数学　金　重明
1917 群論入門　芳沢光雄
1921 数学ロングトレイル「大学への数学」に挑戦　山下光雄
1927 確率を攻略する　小島寛之
1933 「P≠NP」問題　野﨑昭弘
1941 数学ロングトレイル「大学への数学」に挑戦　ベクトル編　山下光雄
1942 数学ロングトレイル「大学への数学」に挑戦　関数編　山下光雄
1946 数学ミステリー　X教授を殺したのはだれだ！　トドリス・アンドリオプロス＝原作　タナシス・グキオカス＝漫画　竹内　薫／竹内さなみ＝訳
1949 マンガ「代数学」超入門　ラリー・ゴニック　藪田真弓／藤原誉枝子＝訳　鍵本　聡＝監訳
1961 曲線の秘密　松下泰雄

ブルーバックス12cmCD-ROM付

BC06 JMP活用　統計学とっておき勉強法　新村秀一